Mobility 3.0
モビリティ 3.0

ディスラプターは誰だ？

アクセンチュア 戦略コンサルティング本部
モビリティチーム

川原英司 / 北村昌英 / 矢野裕真 ほか

東洋経済新報社

まえがき

　インターネットが世界を覆い尽くして約20年。デジタル化の波は自動車業界をも震撼させ、"移動"そのものを変えようとしている。「クルマは買って所有するもの」「クルマは運転するもの」「クルマはエンジンで走るもの」という従来の概念を壊し、"モビリティ"という新たな世界観の中に組み込まれようとしている。

　これはもはや「モビリティ革命」と言ってもいいだろう。18世紀の産業革命では社会構造に変革をもたらしたが、それと同じことが"モビリティ"を中核として起きようとしているのだ。

　ヒト・モノ・カネ・情報という企業の根源資源がクルマをはじめとする"モビリティ"に集約され、リアルな空間とデジタルな空間が有機的につながろうとしている。その先にあるのは、従来の人と人、企業と企業、機械と機械だけでなく、人と機械などあらゆるものがつながり、それらがさまざまに組み合わさることによって大量かつ多種なコミュニケーションに溢れた世界だ。

　だが、その世界が実現する過程では、産業革命のときと同様、革命の波に乗れず衰退していく産業、産業自体は生き残れたものの新たな手法に移行できずに淘汰される企業が出てくるはずだ。その一方で、大きな機会を手にする企業も登場する。生まれ変わる「モビリティ」の世界で覇者となるのは、製造業の頂点に君臨する自動車メーカーか、情報力で他社を圧倒するグーグルか、それとも資金力で世界を手に入れようとするソフトバンクか。生き残りをかけた戦いはすでに始まっている。

　未来のモビリティの担い手がどのように浮上してくるのか。本書は未来のモビリティビジネスと、そこでどのような攻防が繰り広げられるのかを考察する。

序章では、あるワーキングマザーの1日を通して、革命の潮流から考えられる新たなモビリティサービスの方向性を示す。続く第1章では、自動車業界で起きている変化の兆し「CASE」の全体像を、第2章で「CASE X.0」時代に登場するであろう新たなモビリティビジネスを、第3章で通信業界、ハイテク業界、金融業界、エネルギー業界における新たな事業機会を見ていく。

　「CASE X.0」の世界でのモビリティビジネスの全体像を理解したところで、第4章〜第6章にかけてグーグル、ソフトバンク、既存の自動車メーカーのモビリティにおける覇権シナリオを考察する。最後の第7章では、産業革命による破壊と創造に共通するプロセスと、あるべきモビリティ3.0の世界を実現するための方法論を検討する。

　最後に、東洋経済新報社の山崎豪敏氏、齋藤宏軌氏、本書の執筆において大変お世話になった株式会社ファーストプレスの上坂伸一氏、中島万寿代氏、アクセンチュア株式会社　マーケティング・コミュニケーション部の高坂麻衣氏にはあらためて多大な感謝を申し上げます。

　2019年春
　　　アクセンチュア　戦略コンサルティング本部　モビリティチーム一同

目次

まえがき 1

序章
モビリティ3.0の世界で、人々の移動はどう変わるか? 7
 未来における、あるワーキングマザーの1日 8

第1章
「CASE」がすべてを変える 15
 1-1 時代の転換点「CASE」 16
 1-2 Connected:データを駆使したサービスの拡大 18
 1-3 Autonomous:提供価値の変化 21
 1-4 Shared/Service:圧倒的な顧客基盤を保有する
    サービス・プロバイダーの登場 25
 1-5 Electric:電気自動車(EV)の急速な普及 31
 1-6 CASEから見えた"クルマ"の未来 34

第2章
CASEからどのようなビジネスが生まれるのか? 39
 2-1 人の移動を変えるサービス──ロボットタクシー 40
 2-2 モノの移動を変えるサービス 48
 2-3 モビリティに伴うエネルギーサービス 52
 2-4 モビリティアセットマネジメントの新たな潮流 59
 2-5 各種モビリティサービスを支えるテクノロジープラットフォーム 68
 2-6 モビリティビジネスプラットフォームによる新たなエコシステム 71

第3章
CASEによって新たに生まれる事業機会 75
- 3-1 【通信業界】CASEが生み出す通信領域の事業機会 76
- 3-2 【ハイテク業界】モビリティ領域におけるハイテクプレイヤーの台頭 93
- 3-3 【金融業界】金融×モビリティの可能性 109
- 3-4 【エネルギー業界】モビリティの発展に対するエネルギー産業の期待 129

SPECIAL INTERVIEW
インフラからプラットフォームへ
東京電力パワーグリッド　取締役副社長　岡本 浩 152

第4章
グーグルの戦い方 159
- 4-1 グーグルのこれまでの戦い方 160
- 4-2 グーグルの成長戦略──モビリティ領域への進出は成長への必要条件 162
- 4-3 モビリティ領域でグーグルが狙う3つのアプローチ 166
- 4-4 グーグルはモビリティ世界を制するか 177

第5章
ソフトバンクの戦い方 181
- 5-1 圧倒的な投資マネーで拡大するソフトバンク 182
- 5-2 ライドシェアサービスのフルポテンシャル 186
- 5-3 都市交通プラットフォーマーとしての破壊力 192
- 5-4 群戦略をつなぎ合わせたソフトバンクの戦い方 195

第6章
CASE時代における自動車メーカーのモビリティ戦略 201
- 6-1 激変するビジネス環境で自動車メーカーが取り得る戦略 202
- 6-2 CASE時代のモビリティサービス 206
- 6-3 自動運転の実現がモビリティ領域のビジネス環境を変える 211
- 6-4 日本におけるモビリティサービス市場の今後 218

SPECIAL INTERVIEW

未来のモビリティ社会を実現するエコシステム構想
本田技研工業　専務取締役　松本 宜之 ……………………………………………… 222

第7章
モビリティ3.0の世界を創造する ……………………………………… 229

- 7-1　破壊と創造を具現し、あるべき未来を切り拓く ……………………………… 230
- 7-2　モビリティ3.0の未来を描き、実現する力が求められている ……………… 232
- 7-3　あるべき未来を実現するには、未来を描くフューチャリストが必要である …… 236
- 7-4　未来を創るアイデアのポートフォリオマネジメント ………………………… 239
- 7-5　環境の変化を捉えて時流に乗れ ………………………………………………… 241

著者紹介 …………………………………………………………………………………… 243

序章

モビリティ3.0の世界で、人々の移動はどう変わるか？

　20XX年、行き先を指定するだけで目的地まで届けてくれる自動運転技術が十分に成熟し、自動運転システムは新たに販売される車の標準装備となった。自動運転の導入当初は、政府や産業界、アカデミアを巻き込んだ議論や社会的な反発があったものの、今では自家用車から商用車まであらゆる場所で自動運転車が利用されている。気づいてみれば、自分でクルマを所有したり運転したりすることは、クルマへのこだわりが強い特定の富裕層か、マニア向けの贅沢な体験となっていた。

　都市部の風景も様変わりした。走っているのは、ハンドルのないロボットタクシーや配送用ロボットばかりで、自家用車はほとんど見あたらない。あれほどたくさんあったコインパーキングは姿を消し、広大だった商業施設の併設駐車場も小さくなった。代わりに、道路の側道には緑豊かな歩道や緑地帯が広がっている。

　自動運転や電気自動車が実用化し、社会のインフラとして組み込まれると、人々の移動体験や生活、社会はどのように変わるのだろうか。この話は、そんな風景が広がる近未来に住む1人のワーキングマザーの1日の物語である。

未来における、あるワーキングマザーの1日

ハンドルのない車と交通事故のない社会

　朝7時、寝室にスマート枕のアラームが鳴り響く。窓のデジタルで制御された窓の遮光機能はすでに解除され、太陽の光がさんさんと降り注いでいる。心地の良い朝日を浴びて少しずつ覚醒しているので、今日も気持ちよく起きられた。

　スマート枕がなかった頃は、寝坊して学校や会社に遅刻する人がいたらしいが、今ではそんな人はいない。これも、睡眠中に発する脳波から睡眠リズムを計測し、過去の睡眠データを分析して最適な時間にアラームを鳴らして起こしてくれるスマート枕や、ライフスタイルに合わせて最適な時間に遮光機能を解除するウインドウシステムが普及したおかげだ。このウインドウシステムは、晴れていれば遮光機能を解除するだけだが、雨のときには私の好きなアジアのリゾート地の景色を表示して、気分を高揚させてくれる。

　リビングには先に起きていた夫が、キッチンカウンター据付のスマートスピーカーに話しかけている。今日から北海道に出張するので、空港に向かうロボットタクシーを呼んでいるのだ。

　30分後、指定した時間通りにロボットタクシーが到着すると、「マンションの送迎ポートに到着しました」というメッセージが流れる。ロボットタクシーは、近くに待機している車両が配車されてくるので、時間も正確で安心だ。おまけに料金も有人タクシーより格段に安い。昔はタクシーの普段使いなどできなかったが、最近はちょくちょく使っている。

　夫が出かけると、今度は娘が学校に行く番だ。私が小学生の頃は、通学班で子どもたちだけで登校していたけれど、安全が確保できないことから、ずいぶん前に子どもだけの登下校は禁止になった。今では小学校が運営するロ

序章　モビリティ3.0の世界で、人々の移動はどう変わるか？

©u3d/Shutterstock.com

ボットバスがマンションの送迎ポートまで送り迎えしてくれる。

「あと3分で、送迎ポートに到着します。準備してください」。メッセージを聞いた娘がランドセルを背負って玄関に向かう。子どもたちは不審者や通学路の危険から守られて安全・安心、親たちは通学時の見守り活動がなくなって、ロボットバスは大好評だ。

ロボットタクシーやロボットバスにはハンドルがなく、無人運転状態でも人が介入できないように作られている。この時代、人が介入することで逆に危険性が増すという考え方が常識だ。だから、シニアや子どもだけでも安全に移動できるのだ。

人が運転しなくなったことで、交通事故も激減した。今では年間1万件にも届かないと聞く。しかも、そのほとんどは軽症事故が中心らしい。2010年代は日本でも年間50万件近くもあったというから、ずいぶんな違いだ。

渋滞から解放されたメガロポリス

私はといえば、今日は朝一でクライアントとの重要なミーティングが入っている。クライアントのオフィスビルには何度か行ったことがあるが、直行するのは初めてだ。さて、どう行こうか。

慌ただしく支度しながら、今では誰もが当たり前につけているスマートグ

©vectorfusionart/Shutterstock.com

ラスに「××ビルまで一番早く、安く到着できる方法を教えて」と話しかけると、すぐに候補が表示された。

　今回利用したのは、マルチモーダルナビゲーションシステムのアプリ。都市交通はここ10年で驚くほど変わった。夫が言うには、都市政府が運営するマルチモーダルナビゲーションシステムが、タクシー、バス、電車、自転車など、すべての交通手段を中央管理し、信号や通行できる車線をリアルタイムで管理するようになったのだという。おかげで、朝のラッシュアワーでも渋滞に遭遇することはほぼなくなったし、移動に必要な決済もすべて電子通貨で完了する。すべての移動費用をリアルタイムに可視化してくれるので、家計管理も楽になった。

　今日は自動運転のライドシェアバスで近くのポイントまで向かい、そこから小回りがきくレンタル電動バイクで行くことにしよう。先進国の主要都市では、免許なしで乗れるバイク式小型電動車のシェアリングサービスが一般化していて、あらゆる場所にターミナルが置かれている。今日のように天気が良い日は、同じように電動バイクを利用する人とよくすれ違う。

移動の必要がない新たな都市ライフスタイル

　8時45分に到着。クラウドネットワーク上にあるプロジェクト資料を確認していると、チームメンバーが続々と集まってきた。

　ミーティングには、在宅勤務や別オフィス勤務の人もリモートで参加することになっている。仮想・拡張現実技術を搭載したホログラム型会議システムと触覚を感知するハプティックインターフェイス、5Gなどの高速通信で、まるで同じ場所にいるかのような臨場感で話し合うことができて、クライアントの新製品の触り心地や香りも遠隔にいながら感じることができる。

　2010年代後半に進んだ働き方改革で、働く環境も柔軟になった。1週間を通してオフィスに出勤する人はほとんどいないし、ここ数年は土地代が安く、自然が豊かな郊外に移住する人が後を絶たない。自動運転や仮想現実テクノロジーが組み合わさることで、新しい生活圏が誕生したのだ。

　移住した友人によると、「郊外でも特に不便なことは何もない」と言う。バーチャル店舗で購入した商品は当日配送が当たり前で、急に必要になった日用品や食材も配送用ロボットがデリバリーしてくれるから、都市に住むのとまったく同じ生活を送れるらしい。

無料モビリティサービスの普及

　1時間後、プレゼンは無事に終了。戻ったら新しいプロジェクトの企画書を書くことにして、会社に戻るロボットタクシーで夕食の準備を済ませておこう。

　準備といっても、やることはクッキングボットがレコメンドしてくれたメニューから選ぶだけだ。AIが過去の献立や外食で食べた料理から家族全員の栄養状態を分析して、最適なメニューと必要な食材を提示してくれるので、「今夜は何にしよう」なんて悩むこともなくなった。

　足りない食材も配送用ロボットが届けてくれるから、帰ったらすぐに料理に取りかかれる。一昔前は、夕食のメニューに悩んだり、会社帰りにスーパーマーケットに寄って重い荷物を持って帰っていたそうだから、ワーキン

©phoelixDE/Shutterstock.com

グマザーも大変だったと思う。掃除も、今頃ロボット掃除機が家中をピカピカにしてくれている。

　オンラインでできることは増えたが、やはり「リアルな場での体験」は別格だ。気の合う友だちと美味しいものを食べに行ったり、休日に家族とテーマパークに出かけたり。リアルな場へのこだわりは、以前よりも増えたかもしれない。
　最近では、サービスとして無料送迎をしてくれるお店が増えてきた。以前から、一部の高級レストランやショッピングセンターでは無料送迎をしていたが、庶民的な居酒屋でも無料送迎してくれるようになったのだ。
　今月末には、妹の出産祝いでみんなで食事会をすることになっている。お気に入りのレストランのなかから一番いい条件を出してくれるところを選ぶつもりだが、無料送迎は欠かせないポイントだ。
　無料送迎が増えたのは、お店から送迎インセンティブと、移動中に乗客が見るプロモーションの広告料がタクシー会社に入るからである。お店からすれば無駄に広告を出すよりも、以前より格段に安くなった送迎コストにいくばくかの成果報酬を払うほうが経済的にメリットがあると、報道番組を見た夫が力説していた。

不動産化するモビリティサービス

　娘の帰宅時間に合わせて退社。帰りは、いつも自動運転のオンデマンドバスに乗ることにしている。自動運転タクシーとバスの間のような乗り合い型サービスだ。車窓からぼんやり外を眺めていると、走っているクルマが10年前とはまったく違うことに改めて気づいた。セダンやSUVはすっかり影をひそめ、代わりにブランドロゴの入ったユニークな形のクルマが目立つ。

　これらはヨーロッパのラグジュアリーブランドが運営する移動式アパレル店舗だ。バーチャル店舗でもハプティックインターフェイスがあれば触っているかのような感覚を体験できるが、残念ながらまだ一般家庭には普及していない。だから、本物を直接目で見て、触れられて、試着できる実店舗が移動して来てくれるのは嬉しい。

　移動式店舗は、不動産物件のように出店したいお店が一定期間だけ車両を契約して使うというもの。ほんの少し前まではハイブランドが多かったけれども、今ではアパレル、コスメ、本、電化製品と何でもある。最近では、移動式ワークスペースや移動式ホテル、移動式スパもできたそうだ。

　また、車のボディだけを変えられる「着せ替えサービス」が登場したことで、車メーカーだけでなく、一部のラグジュアリーブランドや電気メーカーなどが個人向けにカスタム製品を売り出すようになった。だから、都市のあちこちにユニークなデザインの車両が走っているのだ。

移動におけるエネルギーコストゼロの世界

　我が家では、ロボットバスやレンタル電動バイクなど、家族全員がシーンに合わせて日々の交通手段を選ぶため、家にクルマはない。都心部では、うちのようにクルマを持っていない家庭が多いが、地方に行けば1人1台はまだまだ健在だ。

　ロボットタクシー運営会社は投資を回収するために高い稼働率を必要とするが、地方では人口密度が低いため稼働率が低い。そのため、地方ではなかなかロボットタクシーサービスが始まらないのだ。

私の実家の周辺も、ロボットタクシーが走っていない。でも、地方政府がロボットバスを導入したので、かなり移動しやすくなったようだ。
　ただバスは循環型なので、『移動したいときにすぐに移動する』ことはできない。結局、実家の父は数年前に、エネルギーコストが安い電気自動車を購入した。
　そうしたら、母が「電気自動車にしたら、電気代がほぼ無料になった」と驚いていた。父も、「趣味のゴルフに行ける回数が増えた」と喜んでいる。それもこれも、クルマを使っていない間、余った電気を電力会社に自動的に売ってくれるからだ。そのせいもあって、今では販売されている新車のほとんどが電気自動車だ。

　さて、自宅に着いた。ちょうど夕食の食材が届いている。ミールキットになっているので、調理もラクラク、手間取ることは何もない。
　学童から娘も帰ってきた。娘の到着を知らせる連絡は5分前に携帯デバイスに入るので、親としては本当に安心。登下校だけでなく、学童の送迎もロボットバスを利用できる。迎えに行く時間がいらない分、気持ちに余裕ができたのもうれしい。
　夕食のあと、娘はパパに電話。パパは北海道で「久しぶりに自分でクルマを運転したよ！」だって。このようにして私たちの1日は過ぎていく。

©jamesteohart/Shutterstock.com

第 **1** 章

「CASE」がすべてを変える

　今から4年近く前、2015年のフランクフルトのモーターショーで、自動車業界に激震が走った。ダイムラーCEOのディーター・ツェッチェ氏が「自動車メーカーからネットワークモビリティのサービスプロバイダーへと変化する」と発言したからだ。

　その1年後。2016年のパリのモーターショーで、ツェッチェ氏はダイムラーの中・長期戦略で「CASE」を提唱。自動車業界の注目が集まった。このCASEこそ、自動車業界および世の中を変えると、彼らは考えている。

　フォードの大量生産から約100年、自動車産業はCASEという大きな転換点を迎えた。巨大なバリューチェーンを築き、自動車を量産量販する製造業が、新たなテクノロジー変化を梃に、人々の移動を支援するサービス産業に変化しようとしている。

　「CASE」はどのようなモビリティサービスを形作るのか。そして、そのモビリティサービスは社会にどのようなインパクトを与えるのか。本章では、自動車業界のシンギュラリティともいえる変化のポイント「CASE」を捉える。

1-1
時代の転換点「CASE」

　読者の皆さんは、近年「CASE」という言葉をよく耳にしているだろう。「CASE」とは、自動車業界の4つの変化点を示す「Connected」「Autonomous」「Shared/Service」「Electric」という単語の頭文字を取ったものである。

◉ Connected（コネクテッド）：データを駆使したサービスの拡大
　2020年代には、全車両がコネクテッドを搭載するようになる。また、モビリティ機能の一部が車両からクラウドに移行され高度化される。クルマと顧客がつながり、また他のデータとも連携することで、バリューチェーン収益の取り込みも容易になる。

◉ Autonomous（自動運転）：提供価値の変化
　2020年過ぎには完全自動運転車が市場に投入され、2020年代後半には普及する見通しだ。コストメリットを武器に"クルマ"による人とモノのシェアリングサービスが加速する。ドライバーのいない車両自体は、移動のためのツールとしてコモディティ化し、移動時間・空間を活用した新たなモビリティサービスが登場する。

◉ Shared/Service（シェア／サービス）：圧倒的な顧客基盤を保有するサービス・プロバイダーの登場
　所有から利用へのシフトが進むと、ユーザーとオーナーをつなぐプラットフォーマーのサービス機能・マッチング機能が重要な鍵となる。利用シーンごとに最適なクルマが使われることから、個人所有時代のマルチユース車両から、利用シーンに応じて多様化したシングルユース車両へと需要が変化する。車両、スペース、エネルギーなど多方面でのシェアが進み、アセット効

率が向上する。また、こうして収益を生むようになるクルマ（モビリティアセット）に対し、その特性に応じた新たなファイナンスや保険も重要となる。

● Electric（電動）：電気自動車（EV）の急速な普及

パワートレインの電動化によって、構成部品の汎用化が進行し、またソフトウェアによる制御が加速される。汎用デバイスやソフトウェアにおいてスケールを拡大したプレイヤーの競争力が高まる。さらに、大量に普及するEVバッテリーを活用した新たなエネルギービジネスのエコシステムが登場する。

この4つの変化点には、「テクノロジー」と「ビジネスモデル」という側面がある。「C：コネクテッド」「A：自動運転」「E：電動」の3つがテクノロジー、「S：シェア／サービス」がビジネスモデルだ。これは、テクノロジーがビジネスモデルの変化を加速するということだ。裏返せば、テクノロジーの進化によって、ビジネスモデルが変わらざるを得なくなるということでもある。

またCASEは、単に変化を示すポイントではない。たとえば、C×Aで遠隔からのリモートコントロール、A×Sで無人配達などのように、コネクテッドがあるから自動運転がより加速される、自動運転があるからサービスが加速される。つまり、C、A、S、Eそれぞれが相互作用し合いながら、高度化を加速させていくのだ。

その意味で言えば、当初の自動車産業やモビリティの新たな要素それぞれの変化を並べた時代が「CASE 1.0」であるとするならば、今始まっているのは「CASE X.0」の時代と言える。C、A、S、Eそれぞれ単体の変化だけではなく、それらを掛け合わせることで、商品構造、バリューチェーン、ビジネスモデルもまた非連続的に変化し、脅威と機会を生み出すのである。

1−2
Connected：データを駆使した サービスの拡大

1970年代に始まったクルマのコネクテッド化

　コネクテッドは、サービスを支え加速させる技術の1つである。自動車メーカーも、車両データ連携を活用したサービスを展開していくには、このコネクテッドが不可欠であると見ている。

　実際、BMWでは1970年代から開発しはじめ、90年代には「Connected Drive」というサービスの提供を開始している。現在では約1,000万台のクルマが接続されており、故障発生から対応まで安心・安全領域でデータを活用している。これについてBMWのCEOであるハラルド・クルーガー氏は「ConnectedとElectricの業界リーダーを目指す」と宣言。

　BMWだけでなく、GM（ゼネラルモーターズ）は「OnStar」というテレマティクサービスを、メルセデスベンツは「Mercedes me」というデジタル・カーライフ・アプリを、フォルクスワーゲンも2017年中盤にはコネクテッドサービスを車両のほぼ100%に適用する、というように、欧米系自動車メーカーはコネクテッドの標準搭載化を進めている。日本勢はやや遅れながらも、トヨタ自動車が2020年までに、ホンダが2020年前半頃の搭載を予定している。

コネクテッドがもたらす3つの価値

　では、なぜここまでコネクテッドが注目されるのだろうか。その理由は3つある（図1）。

図1：コネクテッドがもたらす価値

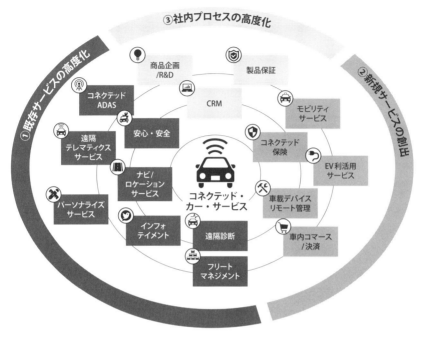

(出所) アクセンチュア

①既存サービスの高度化

　クルマ単体で提供していた価値機能が一部車両外（クラウド）へ移行し、相互補完により機能強化が可能となることによって、既存サービスが高度化する。たとえば、事故や故障時のコールセンター等での対応といった既存の安心・安全サービス、ナビゲーションサービスやインフォテイメントなどの情報サービス、事業者向けフリートマネジメントサービス（使用車両を維持管理するサービス）などの品質が向上する。また、遠隔診断や故障予知、コネクテッド機能を活用してADAS（Advanced Driver-Assistance Systems：先進運転支援システム）が高度化したり、個々のユーザー向けのソフトウェアカスタマイゼーションが進化したりする。

②新規サービスの創出

　顧客との接点が強化され、車両情報もリアルタイムで把握できるようになることから、利用シーンに合わせたファイナンスや保険、エネルギービジネスなどS×Cの新サービス創出が期待できる。OTA（Over The Air：無線通信）でのソフトウェアアップデートや、車内コマースや決済、さらにモビリティサービスまで、さまざまな収益ビジネスのクロスセル機会が広がる。

③社内プロセスの高度化

　コネクテッドデータを活用することで、CRM（Customer Relationship Management：カスタマー・リレーションシップ・マネジメント）による顧客の維持強化につながるだけでなく、利用情報に基づく商品企画力の強化や保証プロセス高度化に結び付く。マーケティング全体のあり方が変わる。

　このようにコネクテッド機能は、さまざまな通信デバイス、位置情報、地図サービス、レスキューサービス、フリートサービス、保険など他のサービスやデータと連携することで、価値向上を支えるようになるだろう。サービスがさらなる進化を遂げ、ソフトウェア構造が変化することで、新規参入者も増えていく。結果として、旧来の自動車産業構造とはまったく異なる新たなエコシステムが形成されることになる。

1-3
Autonomous：提供価値の変化

2020年代半ばの自動運転実現に向けた開発競争

　運転に人が介在しない高度な自動運転（レベル4）は、2020年代半ばまでには実現すると予想される。レベル4の自動運転とは、限定された環境・条件下ですべての運転タスクをシステムが自動的に実施するレベルのことである。

　自動運転については、アルファベット（グーグルの持株会社）傘下のウェイモの、アメリカの公道における自動運転テストの走行距離が800万マイル（約1287万km）に達した（2018年7月現在）。中国では百度（バイドゥ）が先行しており、2019年までにレベル4を実現するとアナウンスしている。

　欧米の自動車メーカーもデジタルプラットフォーマーに追随。ゼネラルモーターズ、フォード、BMW、フィアット・クライスラー・オートモービルズが2021年頃までに、ダイムラーが2020年代前半に提供する計画だ。日本の自動車メーカーも、日産自動車が2022年までに、トヨタ自動車は2026年頃の実現を見込んでいる。

　一見すると、自動運転は単なる移動手段としての機能の進化のように見える。だが、これはクルマの提供価値を変化させるパラダイムシフトでもある。これまでのクルマは、たとえば「走りやすさ」や「スピード」といった「運転していいクルマであること」や、フェラーリやロールスロイスなどのように「ステータスを示すこと」に高い価値があった。移動手段の1つでもあったが、さらに別の価値も提供していたのである。

　これは、クルマを持つこと、それを愛でる気持ちが特別なものであるから

だ。気に入って大事にしているクルマを「愛車」と呼ぶように、生活においてクルマは特別な存在だったのだ。

自動運転が変える「クルマ」の価値

クルマの価値は、自動運転時代では①〜③のように拡大・変化していくと考えられる（図2）。
①移動手段としてのクルマの進化
②移動時間・クルマ空間の価値向上
③社会システムとしての価値向上

移動性能面でより安全、快適、かつ環境負荷軽減が図れるだけでなく（①）、自動走行中の移動時間や空間を活用した新たな価値提供サービスの創出が期待できる（②）。C×A（コネクテッド×自動運転）を掛け合わせることで、情報や制御のサービスが付加価値になってくる。

また、人が運転にまったく介在しないドライバーレスの完全自動運転（レベル5）が実現すれば、そのコストメリットを背景に、自動運転はさらに進化するだろう。自動運転の進化がモビリティサービスの多様化を生み出し、それによって移動サービス市場、物流サービス市場、そしてシェアリングサービス市場はより拡大していく。つまり、より便利で、より安価なサービスが実現するのである。

最終段階（③）になると、クルマは社会システムに組み込まれ、デジタルプラットフォームの下で最適に交通流が制御される。無人車両を用いたロボットタクシーは、TCO（トータル・コスト・オブ・オーナーシップ）を低減し、環境負荷低減にもつながる。

A×Eの掛け合わせの世界では、エネルギーグリッド側の需要に応じて、EVをチャージャーにプラグインすべき場所とタイミングを最適化できる。またA×Cで、車載センサーを活用した遠隔監視機能を用いて、周辺のエリアセキュリティを向上させる社会的効果も期待できる。

図2：自動走行時代の価値

実現される価値の可能性（例）

① 移動手段としての クルマの進化	・安全性向上・事故軽減 ・車両の衝突安全装備の搭載コスト低減 ・環境負荷軽減・省エネ ・運転苦からの解放 ・TCOの低減（メンテナンス・修理・保険・セキュリティ）
② 移動時間・ クルマ空間の 価値向上	・目的地への移動行動の最適化 ・移動中のパーソナル・エージェント機能の高度化 ・移動時間・移動空間の付加価値拡大（自宅／ワークスペース／ホテル等の機能代替）
③ 社会システムとして の価値向上	・クルマ＋社会システムのデジタルPF構築 　✓最適交通流制御 　✓自動走行シェアリングによるTCOおよび環境負荷低減 　✓エネルギーマネジメント最適化機能 　✓車載センサーによる遠隔監視機能を用いたエリアセキュリティ

（出所）アクセンチュア

自動運転で想定される2つのユースケース

上記から、自動運転は次の2つの方向性で発展していくと考えられる。

A）「自分が走らせるもの」から「自分のために走ってもらうもの」へクルマが高度化

　⇒いわゆる「SDC（セルフドライビングカー）」と呼ばれる。これによりクルマは、より「安全」「安心」「快適」な移動手段となる。

B）無人運転を活用したモビリティサービスの創出

　⇒無人運転の「DLC（ドライバーレスカー）」を用いて、自由な移動を提供するモビリティサービスが出現する。

Bの方向が実現すれば、クルマを自分で所有して乗ることの価値は大幅に

低下する。都市化と高齢化の進行に伴い、こうしたニーズは高まることが予想され、DLCを用いた交通サービスが社会に登場してくる可能性が高い。

　一方、自動車メーカーとしては、クルマの価値の維持向上を図るため、従来の顧客である個人所有者にとっての「自分のクルマ」の付加価値を高める方向での進化も志向していく必要があるだろう。製品やビジネスモデルの多様性への対応を迫られることになる。

1-4
Shared/Service：
圧倒的な顧客基盤を保有するサービス・プロバイダーの登場

事業者と消費者をつなげる「プラットフォーマー」の台頭

　インターネットは、イーコマースやネットオークション、オンラインゲームなど、需要者と供給者をつなげるさまざまなマッチングサービスビジネスを可能とし、その世界ではアリババやアマゾンといったいわゆる「プラットフォーマー」と呼ばれるサービス事業者が力をつけ、拡大し続けている。

　このようなサービスが出てくる以前は、いわゆる「ロングテール」と呼ばれる多数の小規模な事業や小口取引は取引規模が経済性に見合わないために、大きなシステムに乗りにくかった。それがデジタル化によって平等に「見える化」され、インターネット／IoTにより、小規模な事業や小口取引の領域、潜在需要のある領域を束ねることが可能となったことで、小口需要者と小規模供給者とがつながったのである。このようないわゆる「プラット化」により、事業全体の効率性が飛躍的に高められた。

　個人間の取引も同じだ。たとえばAirbnb（エアビーアンドビー）に代表される「民泊」、さまざまな商材が取引されるネットオークション、イーコマースにおけるマーケットプレイスなど、2者間をつなげる役割をするプラットフォーマーは、いわゆる「P2P」や「C2C」と呼ばれる領域でも飛躍的に成長してきた。

　IT業界で起きたこれらのことが、自動車業界にも起こっている。従来のモビリティサービスといえばタクシーやバス、電車などの公共交通が中心だった。人はどこかに行きたいとき、移動したいとき、その都度これらの移動手段を選択していた。そのため、タクシーやバス側は、乗客がいつ来るのか予

測がつかず、またそもそも乗客が来るかどうかもわからなかった。乗客が来て、はじめて契約が成立するという仕組みだった。

一方、乗客からすると、必ずしも自分が乗りたい場所や時間に選びたい交通手段があるとは限らない。それが当たり前だった。その不合理さ不便さを解消するために、一部の人はクルマを所有した。所有すれば、いつでもどこにでも移動できるという利便性が手に入るからだ。

ライドシェアサービスは、ご存じの通り海外市場ではすでに広まっている。北米やオーストラリア、一部欧州ではUber（ウーバー）、中国ではDiDi（滴滴出行）、東南アジアではGrab（グラブ）、インドではOLA（オラ）がそれぞれ大きなシェアを握る。自動車メーカーもシェアリング市場に進出しようと、それらライドシェアプレイヤーに積極的に投資する動きもある。

多様化と高度化

ライドシェアサービスの拡大が示すように、すべてがIoTでつながるようになったことで、モビリティサービスの提供機会も多様化・拡大している（図3）。ユーザーはいつでもスマホで簡単にクルマを呼べるし、行き先をドライバーに告げることなく、また車内でドライバーと支払い決済のやり取りをすることなく、目的地に到達できる。バスがどこを走っていて、いつバス停にやってくるかもわかる。事業者側でもどこにユーザーがいるのかを把握できるようになる。

このサービスの高度化によって、自動車業界はどのような影響を受けるだろうか。

サービスの世界では、モノはサービス提供のための一構成要素となる。レストランでのサービスにとっての食材、自動車修理サービスにとっての交換パーツを思い浮かべるとわかりやすいだろう。モビリティサービスにおいても、クルマの製品自体やそのブランドよりも、サービスとしての使いやすさやサービスの品質のほうが重要となる。また、ライドシェアサービスのようなサービスプラットフォーム事業は、販売拠点網など物理的なアセットをもたない代わりに、圧倒的な顧客基盤と供給者基盤を有しており、「ネットワーク外部性」によって、事業を拡大させ、参入障壁を作る。「ネットワー

図3：多様化するモビリティサービス

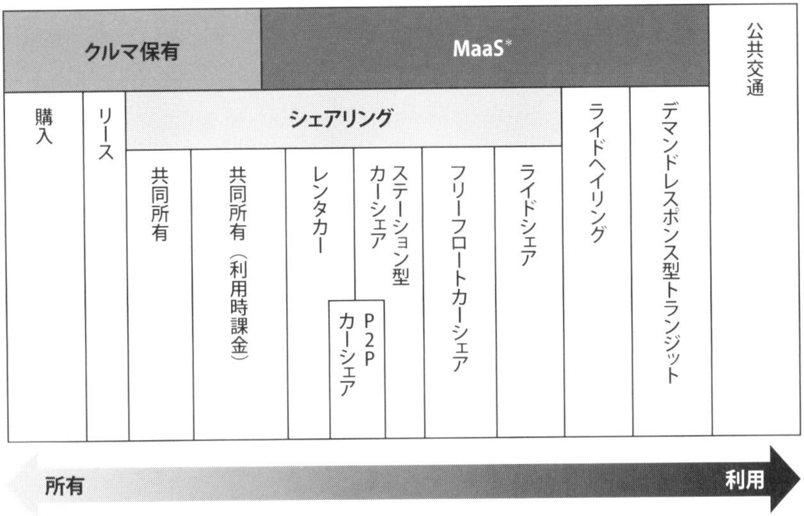

クルマ保有			MaaS*						公共交通
購入	リース	シェアリング						ライドヘイリング	デマンドレスポンス型トランジット
		共同所有	共同所有（利用時課金）	レンタカー	ステーション型カーシェア	フリーフロートカーシェア	ライドシェア		
					P2Pカーシェア				

所有 ←――――――――――――――→ 利用

＊　MaaS = Mobility as a Service
（出所）アクセンチュア

ク外部性」とは、消費者が増えるほど供給者の期待収益が高まるため供給者が増え、供給者が増えるほど消費者にとっての便益が向上するため消費者が増える、という相互のプラス作用の効果を言う。こうした事業の特性や競争構造の違いにより、これまで通りの自動車業界での戦い方とはパワーバランスが大きく変化することが予想される。

ロボット化へと進化するサービス

　最後に、"サービス"の進化と"コネクテッド""自動運転""電動"との関係についても考えてみよう。それぞれを掛け合わせるとするとどうなるだろうか。
　S×C（サービス×コネクテッド）では、常にサービス車両の位置や状況をモニタリングすることが可能となる。これは、サービスの提供者と需要者をマッチングさせる役割をする"サービス"の品質確保と向上にとって"コネクテッド"が不可欠な要素ということを示している。

S×A（サービス×自動運転）が与える影響も大きい。だが、その実現には時間がかかる。まずデジタル技術によって人々が実施していたサービスが、プロでなくても提供できるようになる（これを「ウーバー」から名前をとって「ウーバライズ」と呼ぶ）。その機能はいずれロボットに置き換わっていく世界が来ると考えられるからだ。こうして"自動運転"、つまりロボットタクシーが普及する。

ロボットタクシーはライドシェアサービスと違い、フリートオペレータまたはそのアセット所有者が保有する自動走行車を用いた無人車両配車サービスである。すでに、ウェイモやウーバーもその実用化を目指して実証実験を進めている。

シーンに最適化されたサービスが生まれる

前述したように、こうしたシーンにおいて"クルマ"の位置づけは、「所有」から「利用」へとシフトする。個人がクルマを所有する場合にはそのクルマをさまざまな用途で利用する必要があるため、マルチユースに対応した車が求められることが多い。一方、モビリティサービスの世界で求められるクルマは、特定シーンでの利用を想定し、そのシーンに最適化されたシングルユースのクルマへと変わる可能性がある。ただし、その用途やシーンは多様なため、モビリティサービスが普及した時代は、多様化したシングルユース車両をサービス・プロバイダーがサービスとして提供する世界へと変化するだろう。

この多様性をハードウェアとして実現するには、近年進化を遂げてきたいわゆる「モジュラーアーキテクチャ」をさらに高度化させる必要がある。インターフェイスが標準化された部品やソフトウェアを組み合わせて多様化を実現できるアーキテクチャが求められるのだ。このためには、モジュラーアーキテクチャ的特性をもつ"電動"の割合が増えることの有効性は高い。

また、サービス用車両は走行距離が長く、走行距離は長ければ長いほど、エネルギーコストの面で電気自動車が有利になる。その意味でも"電動"がサービス化の進展を促進することになるだろう。こうして、「CASE」は掛け算でモビリティを変化させるのである（図4）。

図4：CASEが掛け算で効いてくる「CASE X.0」へ

Shared/Service
多様なデータを活用したマルチサイドプラットフォームへと進化

- ユーザー、オーナー、サービス・プロバイダー、クルマ、インフラをつなぐプラットフォーマー機能、マッチング機能が重要に
- 所有から利用へのシフトにより、マルチユース車両から、多様化したシングルユース車両へ
- 車両、スペース、エネルギーなど多方面でシェアが進み、アセット効率が向上
- アセットに対するファイナンスや保険の機能の重要性が高まる

Connected
クルマやユーザーの遠隔制御へと進化

- 価値提供機能の一部が車両からクラウドへ
- クルマ・顧客とつながることで収益機会が増加
- 他のデータと連携することで更なる価値向上が期待（コネクテッドエコシステム）
- CPS（サイバー・フィジカル・システム）へ

Autonomous
「移動」「空間」「社会システム」としての利用価値が重要に

- 移動時間や空間を活用した新たな価値提供サービスが誕生
- ドライバーレスのコストメリットを背景に「クルマ」による移動／物流サービス市場が拡大（シェアリングサービスの加速）

Electric
アーキテクチャの構造変化とエネルギーシステムへの進化

- 部品の汎用化が進行
- SW（ソフトウェア）による制御が加速
- スケールを拡大したプレイヤーの競争力向上
- EVバッテリーを活用した新たなエネルギー関連サービスと新たなエコシステム

従来のクルマ／従来のビジネスモデル

　こうしてクルマは、従来の車両としての意味における「Vehicle」から、移動のための手段としての意味での「Vehicle」へと変化していく。拡大するP2P（個人による個人向けのサービス）サービス（P2PカーシェアやP2Pライドシェア）においても、サービス提供者にとってクルマが自分で乗る「消費財」であると同時に、他者に貸したり他者を輸送して収益を上げる「生産財」へと変化する。

　そうなれば、ファイナンスや保険も変わらざるを得ない。従来の「オーナーかつユーザー」であるドライバー向けのファイナンスや保険では、きめ細かく対応することは難しいからだ。保有するクルマを生産財・アセットとして活用するシーンや、ユーザーとして活用するシーンなど、今後はシーン

に応じたファイナンスや保険に対するニーズが高まるだろう。
　モビリティサービス事業者にとっては、データやビジネスが集積するサービスプラットフォームを活用することで、顧客価値を最大化し収益拡大を狙う大きなチャンスが広がる。

1-5
Electric：電気自動車(EV)の急速な普及

電気自動車の普及を後押しする世界的な動き

　近年、政治的にも世論的にも、ガソリン車やディーゼル車から電気自動車への移行がトレンドとなってきている。その背景は大きく2つ考えられる。

　1つは、欧米やインドを中心に、ガソリン車やディーゼル車の規制が強化されていることだ。インドでは、2030年までにガソリン車やディーゼル車の新規販売が禁止され、代替車両を電気自動車にのみ制限する政策を打ち出している。フランスでも、2040年までにガソリン車やディーゼル車の新規販売禁止を方針決定。2025年にはパリ中心部でのディーゼル車走行は全面禁止される見込みだ。イギリスでも、2050年までにほぼすべての自動車とバンをゼロエミッション車にすることが首相公約として掲げられている。

　もう1つは、電気自動車では走行距離が長くなるほどエネルギーコストがエンジン車と比べて相対的に有利になる点だ。1-1～1-4節で見たように高稼働でクルマを活用するサービス事業者は増えていく。そこでは、クルマの動力エネルギーコストは重要だ。そして、その動力エネルギーコストにおいて電気自動車は有利である。このような背景から、電気自動車の高稼働を実現する急速充電システムやバッテリー交換システムなど、電気自動車の新たな使い方を支えるさまざまな充電システムの開発が急ピッチで進んでいる。

　さらに、電気自動車の普及は、再生可能エネルギーの増加にも貢献する。太陽光や風力、地熱などの再生可能エネルギーは気候等の影響を受けて発電量が変動し、需給調整が難しい。その再生可能エネルギーが、2030年には約3割にまで増加すると予測されている。たとえば、日本は2016年の再生可能

エネルギーの割合は5.6％だったが、2030年には23.0％に増加するという。この課題を解決する1つの方法が電気自動車のバッテリーを活用した電力系統の安定化だ。このために、電気自動車は電力業界からも大きな期待を寄せられている。

　こうして電気自動車の普及が進めば、消費者にとっての商品選択肢も増え、需要の拡大要因となっていく。

電気自動車を起点とする新しいエネルギーエコシステムの可能性

　電気自動車の進展は、同時に、電力消費量が増える"コネクテッド"や"自動運転"の高度化のイネーブラー（それを可能とする要素）となり得る。加えて、パワートレインを含む車両全体の構造変化、ソフトウェアを含むクルマのアーキテクチャの構造変化、そしてクルマのエネルギーシステムの構成要素の進化をも加速させていく。

　なかでも電気自動車を構成する部品として大きなコストを占めるEVバッテリーのライフタイム向上は重要なテーマだ。原材料の革新、製品ライフの長期化、稼働率の向上、用途の最適化、回収と再生。それぞれのプロセスにおけるイノベーションでライフタイムの価値最大化を図る動きは、これまで以上に加速していくだろう。

　ここでC×E（コネクテッド×電動）の威力が発揮される。EVバッテリーの状態を遠隔監視・制御し、そのノウハウを蓄積・進化させれば、充放電サイクルや温度などEVバッテリーの使用方法を最適化することができるのだ。そうなれば、EVバッテリーのライフタイム・バリューは格段に向上する。

　EVバッテリーのモニタリングや分析は、その状態に応じた最適な用途開発にもつながる。詳しくは第3章で説明するが、たとえば運転していないときには電気自動車から電力網へ電力を逆走するV2G（Vehicle to Grid）や、家庭の電力として使用するV2H（Vehicle to Home）などのような使い方もできる。

　つまり、電気自動車の普及によって大量に出回ることになるEVバッテリーを活用することで、新たなエネルギーエコシステムが構築できるのであ

る。

クルマの構造変化による、新しいプレイヤーの出現

　もう1つ注目すべきなのが、クルマ自体の構造変化だ。ガソリン車やディーゼル車のようなエンジン駆動の車両に比べて、電気自動車は動力を発生させるエンジンはもちろん、それを伝達するクラッチやトランスミッションなど動力伝達回りのメカニカル系統が少ない。このため、電気でつながり制御されるモジュール化領域が拡大する。より大きな単位でのモジュール化が実現すれば、それを組み合わせることでクルマ全体として生産プロセスが容易になり得る。車両の軽量化のための一体成型など、素材や工法もより進化していくだろう。

　車両の構造が変化すれば、部品も変わってくる。部品については、コンピュータがそうだったように、インターフェイスや部品自体の標準化が進行する。その一方で、ソフトウェア制御や標準品の組み合わせ方によって差別化する方向に向かっていくと思われる。

　その結果、自動車業界には従来とは異なる多くのプレイヤーが新規参入するようになる。エコシステムにおいては規模の経済の重要性が大きくなり、デファクト化でスケールを拡大したプレイヤーが競争優位になるだろう。

1-6
CASEから見えた"クルマ"の未来

重層的パラダイムシフト

　ここまで見てきたように、「CASE」の加速度的進展は、自動車業界にパラダイムシフトをもたらす。そのパラダイムシフトは、次の4つのフェーズに分かれる（図5）。

●フェーズ0：従来の自動車産業
　従来のクルマづくりは相互依存する部品やシステムをいかに完成車に統合し、量産できるかが重要だった。このフェーズでのKSF（キーサクセスファクター：成功のカギ）は製品の垂直統合力であり、自動車メーカーの累積経験が他社に対する参入障壁となっていた。

●フェーズ1：Electric（＋Electronics）
　世の中のエレクトロニクス化の流れのなかで、クルマも情報系・走行系両方で「Electric（＋Electronics）」、つまりE/E化（電気／電子化）が進行する。そこでは、複数メーカー横断で共通のデバイス（半導体など）やシステム（ESCやADAS系システムなど）が搭載される水平分業が進み、いわゆる「レイヤーマスター」と呼ばれる企業が増加する。その結果、「これさえ使えばいい機能が搭載でき、いいクルマができる」というような部品／システムが普及するようになる。
　フェーズ1では、クルマ自体の見た目は従来とさほど変わらないが、中身は大きく変わる。クルマは「バイワイヤ」、つまり電気とソフトウェアで物が

図5：「CASE」がもたらす重層的パラダイムシフト

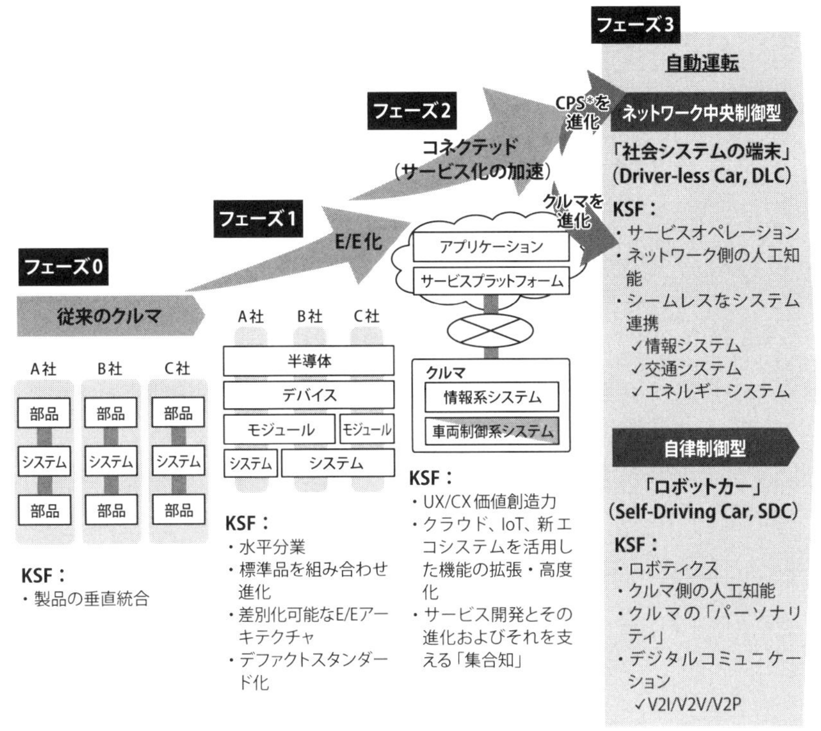

フェーズ0 従来のクルマ
A社／B社／C社：部品・システム・部品
KSF：
・製品の垂直統合

フェーズ1 E/E化
A社 B社 C社
半導体／デバイス／モジュール／システム
KSF：
・水平分業
・標準品を組み合わせ進化
・差別化可能なE/Eアーキテクチャ
・デファクトスタンダード化

フェーズ2 コネクテッド（サービス化の加速）
アプリケーション／サービスプラットフォーム
クルマ：情報系システム／車両制御系システム
KSF：
・UX/CX価値創造力
・クラウド、IoT、新エコシステムを活用した機能の拡張・高度化
・サービス開発とその進化およびそれを支える「集合知」

フェーズ3 自動運転　CPS*を進化　クルマを進化

ネットワーク中央制御型
「社会システムの端末」
(Driver-less Car, DLC)
KSF：
・サービスオペレーション
・ネットワーク側の人工知能
・シームレスなシステム連携
 ✓情報システム
 ✓交通システム
 ✓エネルギーシステム

自律制御型
「ロボットカー」
(Self-Driving Car, SDC)
KSF：
・ロボティクス
・クルマ側の人工知能
・クルマの「パーソナリティ」
・デジタルコミュニケーション
 ✓V2I/V2V/V2P

＊　CPS（Cyber Physical System）＝サイバー・フィジカル・システム（実世界（フィジカル空間）にある多様なデータをセンサーネットワーク等で収集し、サイバー空間で大規模データ処理技術等を駆使して分析／知識化を行い、そこで創出した情報／価値によって、産業の活性化や社会問題の解決を図っていくもの。解説：JEITA）
（出所）アクセンチュア

動くエレクトロニクス製品のような構造になる。

　また、フェーズ1では、プレイヤーの立ち位置によってKSFが変わってくる。水平分業プレイヤーにとってのKSFはデファクトスタンダード化だが、自動車メーカーにとっては、安価で高性能な標準品をいかに自社の製品に柔軟に取り込めるようなE/Eアーキテクチャ構造にできるかがKSFとなる。進化のスピードは、クルマのハードウェアよりも電子／電気部品のほうが速い。そのため、自動車メーカーはいち早く電子／電気部品をアップデートできるようなアーキテクチャにする必要がある。

このフェーズでは、機能がソフトウェアやデバイスの性能に依存したり、そのプレイヤーが横断的にデバイスやシステムを供給する構造になってくることから、付加価値もメカニカルな部品から、ソフトウェアや電子デバイスにシフトしていく。

●フェーズ２：Connected

フェーズ1のE/E化をベースに"コネクテッド"が加わると、クルマは「ネットワーク製品」に変貌する。そうなれば、クラウドからもアプリケーションやサービスプラットフォームなどの機能が提供され、CPS（サイバー・フィジカル・システム）の世界に一歩近づく。

このフェーズでは、クラウドから提供される情報や機能が拡大し、さらにそれがクルマ以外のさまざまなIoT機器とつながっていくことで、付加価値はクルマ自体からクラウドを活用した機能・サービスにシフトし、プロフィットプール（どこにどのくらいの利益があるのか）もサービス事業者が拡大していく。

●フェーズ３：Autonomous

フェーズ2の延長として、"コネクテッド"が車両制御システムまでつながると、クルマの自律制御機能とリモート制御を組み合わせた自動運転機能の高度化が進行する。その結果、社会におけるクルマの動き方が見た目にも変化する。

このフェーズ3の世界では、ユーザー・インターフェイス（UI）やユーザー・エクスペリエンス（UX）の開発・提供、そのためのビジネスやデータを連携するエコシステムがKSFとなる。コネクテッド機能を活用することでサービスは高度化し、サービスを通じて蓄積されたデータは、クラウドでのアナリティクスを通じてさらに高い顧客価値を提供する、という新たなエコサイクルが生まれる。

また、1-3節「Autonomous：提供価値の変化」で説明したように、フェーズ3では進化の方向性が2つに分かれる。1つは、クルマがデータでつながるコネクテッドを前提に、ネットワークから中央制御されるドライバーレスカーで構成される社会交通システム。これは、ネットワーク側の人工知能の

高度化によって実現される世界だ。サイバー・フィジカル・システムによって遠隔からクルマの状態や車内外環境を把握し、ルートや走らせ方をコントロールする。

　もう1つは自律制御型セルフドライビングカーである。フェーズ3の世界では、クルマ側が今よりも賢くなると想定されている。そこでは、ネットワーク側からの制御だけでなく、クルマの人工知能、特に反射神経系やユーザー・インターフェイス系の高度化が重要となる。クルマがクルマの意思でネットワークから情報を取得し、ドライバーや他のクルマとコミュニケーションしながら、ドライバーや搭乗者をサポートするようになるのだ。

将来的には、クルマの価値そのものが低下する可能性がある

　このパラダイムシフトによって、クルマの提供価値が大きく変化していく。その変化に伴って、プロフィットプールもまた変化する。

　概念的に整理しよう。当面は「CASE」によって新たな付加価値を提供するデジタルサービスが増えるだろう。これにより、付加的サービスやサービスの事業機会が加わってクルマの価値は向上し、それによってクルマ自体の市場規模も拡大する。「デジタル・エコノミー」の到来である（図6）。

　しかし、サービス化がさらに進展していくと、クルマ自体やそのメンテナンスは、利用者つまり「パッセンジャー」にとってのサービス提供のための一構成要素となるため、利用者にとってはサービスの中に埋もれた存在となっていく。そのようなサービス生産財となると、サービス利益拡大のためにコスト低減圧力が高まり、クルマやそのメンテナンスの利益は縮小する可能性が高い。一方、ユーザーの利用価値を高めるサービスマッチングやサービスオペレーションおよびそのバリューチェーンにプロフィットプールが移行する可能性がある。利用者にとっての価値を最大化するという意味で「パッセンジャー・エコノミー」と言われる世界である。

　これは、さらにサービス化が進行し、サービスの範囲が拡大すれば、モビリティサービス自体もさらに大きなくくりでのサービスの一構成要素となり得ることを意味している。つまり、クルマがコモディティ化する可能性があるように、モビリティサービスもコモディティ化する可能性がある。「移動」

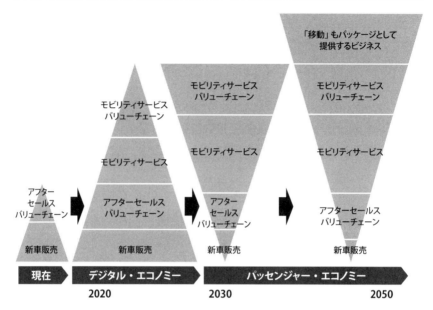

図6：プロフィットプールの変化の可能性（概念図）

（出所）アクセンチュア

がますます便利で効率的に提供されるようになると、モビリティサービス自体も、たとえば何らかの他の事業（序章に登場した無料送迎を実施する事業者など、移動してもらうことによって価値が高まる事業）のために付与されることが当たり前のサービスとなり、コスト最小化を図る対象となるかもしれない。「CASE」が連続的にサービスの構造変化をもたらす時代においては、どのくくりで消費者に価値を提供していくのか、パッケージ構造の変化とそこにおけるプロフィットプールを見極めながら戦略ポジションを定める必要がある。

第**2**章

CASEからどのような
ビジネスが生まれるのか？

　「コネクテッド（C）」「自動運転（A）」「シェア／サービス（S）」「電動（E）」という4つの変化点、CASEが現在のモビリティサービスを破壊する勢いであることは理解いただけただろうか。一方で、CASEは自動車という1つの産業に限られた変化ではない。「移動」そのものの大変革でもある。

　人の移動、そしてモノの移動がCASEによってどのように変わるか、新たに創出される移動ビジネスとはどのようなものがあるのか。また、CASEによってアセットマネジメントはどのように変わっていくだろうか。

　本章では、「人の移動」「モノの移動」「エネルギーの移動」の3つに分けてCASEから創出される移動ビジネスを考えていく。同時に、モビリティサービスによる収益を最大化するアセットマネジメント、各種モビリティサービスを支えるテクノロジープラットフォーム、それらによる新たなエコシステムを論じたい。

2-1
人の移動を変えるサービス
──ロボットタクシー

自動運転の実現で、人の移動はどう変わるか

　自動運転が実現すると、人の移動はどう変わるだろうか。当初は従来型のモビリティサービスと新規のモビリティサービスが混在することになるだろう。そうして数年後あるいは数十年後、従来型サービスが新規サービスに完全に置き換わったとき、われわれの生活は大きく変わることになる。

　最初に置き換えられるモビリティサービスには、タクシーやレンタカー、カーシェアがある。特に従来型のタクシーは人件費がかかるため、価格面で競争力が弱い。そのため、大部分が価格優位性のある自動運転モビリティサービス、つまりロボットタクシーに置き換えられるだろう。

　同じ理由で、レンタカーも代替されていく。従来型のレンタカーは、空港などの需要地の近くに大規模な駐車場を構え、大量の車両を保有することでビジネスが成立していた。だが、自動運転レンタカーになれば、もはや駐車場を構える必要も、貸出時の人件費も不要となる。市中を走行する自動運転車両を時間単位で予約できるからだ。

　そうなるとどんなことが起こるか。たとえば、出張先でレンタカーを使う場合、従来なら空港からオフィスまでレンタカーで移動し、オフィスの駐車場に停めておいて、夜はオフィスからホテルへ移動、翌日はまたオフィスにレンタカーで移動して、帰りは空港まで乗る、といった使い方をするとする。だが、このような使い方では、実際にレンタカーが利用されている時間はごくわずか。本来は、空港から会社、会社とホテル、会社から空港に行くときにだけ車を確実に使えればいいわけだ。

これが自動運転レンタカーに置き換わると、従来オフィスやホテルの駐車場での待機時間も有効活用し、稼働率を最大化することが可能となる。特定の時間は予約したユーザー専用の「レンタカー代替としての」ロボットタクシーになり、それ以外の時間は「タクシー代替としての」ロボットタクシーになるというように、フレキシブルに稼働させることができるということだ。

これは、レンタカーだけで起きる変化ではない。従来のカーシェアサービスは、クルマを所有するよりも、時間単位で利用するコストのほうが低いことが競争優位となっていた。しかし、クルマを利用するためには駐車地に出向かなければならない。これが自動運転に置き換わると駐車地まで行く必要がなくなり、利便性はぐっと向上する。従来型のレンタカーと同様、いずれは時間単位での予約といった形のロボットタクシーに代替されるだろう。つまり、いろいろなモビリティサービスがロボットタクシーに集約されるということだ。

ロボットタクシーが走り回る未来、何が起こるか

新たな自動運転モビリティサービスは、将来的にはほとんどがロボットタクシーになるだろう。では、ロボットタクシーの利便性が高まり、街中に増えていくと何が起こるだろうか。次の4つの事象をみていく。

①新規移動需要の創出

ライドシェアサービスが普及した際、ニューヨークなどの都市ではタクシー市場の減少分以上にライドシェアサービス市場が増加する現象が見られた。その理由は、地下鉄などの公共交通需要の一部を代替したこと、もう1つは、これまでは飲酒を理由に避けていたディナーの機会がライドシェア利用によって増えたという例に代表される新規の移動需要を創出したことが考えられる。

それを裏付けるようなデータがある。三重県玉城町で行われたオンデマンド公共交通の実証実験では、不便な周回型バスをオンデマンド化された便利なモビリティサービスに変えたところ、住民の外出意欲が増加し、地域のコミュニケーションが活発になったという事象が見られた。これは、便利なモ

ビリティサービスを提供することで、地域の移動需要を新たに創出できたことに起因する。

　自動運転モビリティサービスも、ライドシェアサービスやオンデマンド公共交通と同程度、もしくはこれらを上回る利便性を提供するだろう。つまり、これまで以上に移動を身近なものとし、新たな移動需要を生み出すと考えられる。

②保有から利用へのシフト

　自動運転モビリティサービスで、完全にプライベートでオンデマンドな移動手段が提供されるようになると、一部の人にとってはクルマを保有する意味が薄れてくる可能性がある。特に、比較的走行距離の短い人は、クルマを保有するよりも自動運転モビリティサービスを利用したほうが経済的にも合理的だ。

　ランニングコストだけを見れば、走行距離当たりの移動コストは保有したほうが安価だが、保有にはイニシャルコストとして数百万円の購入費用が必要となる。そのため、保有コストと自動運転モビリティサービスの利用コストを比較してサービスの利用コストのほうが安くなる人は、自動運転モビリティサービスの利用にシフトしていくだろう。こうして、保有から利用へのシフトが進んでいくと考えられる。

③車内サービス市場の創出

　無人であれば、移動中も単なる移動だけではなく、自動運転ならではのサービスを提供することも可能だ。そこで、ロボットタクシーならではの特性である「運転からの解放」「完全プライベート空間の実現」を活かしたサービスが出てくるだろう。

　たとえば、移動時間中も機密情報をやり取りする議論が可能な「車内オフィス」サービスや、夜行バスよりもプライベートが担保された空間で移動が可能な「寝台タクシー」、プライベートな空間で食事と車窓からの景色を楽しむ「ロボットタクシークルーズ」などのサービスも考えられる。

　JR九州の「ななつ星in九州」では、移動の概念を超えた付加価値を提供し、未だに予約が取れない状況が続いているが、このように移動に付加価値

をつけたサービスが容易に実現可能な時代がくる。

④相乗りサービスの加速

　料金が安くなるのであれば、相乗りでもいいという層が存在する。内閣府「公共交通に関する世論調査」によると、タクシーを利用しない大きな理由は値段の高さである。もし値段が安くなるのであれば、ドアツードアでの移動が可能なタクシーの利用が促進される。単にロボットタクシーで人件費が不要になるだけでは、公共交通同等のkm単価とすることは難しいが、相乗りができればロボットタクシーは公共交通に対して価格競争力を持つようになる。

　相乗りが広まらない理由は、「同乗者の不確実性」などの要因もあるが、そもそもさまざまな移動需要のマッチングが成立しにくいのも理由の1つであろう。

　現状は、タクシーの行き先や経路といった情報は運転手の頭の中にあるのみで、中央管理されていない。そのため、同一方向の目的地に向かう車両の存在に気づかずに、2台で同じ方向に向かうということが起こる。しかし、ロボットタクシーではアプリによる配車が前提となる。つまり、中央管理されたサーバーに目的地データが入力され、経路が自動的に計算されるため、市中を走行する車両の目的地と経路を把握することができる。そうなれば、目的地に至るまでのオプションとして、相乗りサービスが自然にリコメンドされることも考えられ、結果的に相乗りサービスも広がりやすくなる。

数年後には、ロボットタクシーが実現する可能性も

　前項で、自動運転モビリティサービスはいずれロボットタクシーに集約されるだろうと述べたが、日本では実証実験も少なく、遠い未来のことであるように感じられるかもしれない。しかし、実際には意外と早く実現する可能性もある。

　日本でも、タクシー大手である日の丸交通と自動運転ベンチャーのZMPが、公道でのロボットタクシーの営業走行実験を行った。2018年8月27日から9月8日までの約2週間、千代田区大手町と港区六本木の片道5.3キロメー

トルを1日4往復したが、乗車した人の感想では「普通のタクシーと勘違いするほど自然だった」という[1]。

　自動運転開発で先行するアメリカでは、カリフォルニア州など合計22州で条件付きの公道でのテスト走行が行われている。そこでは、トヨタ自動車や日産自動車、BMWといった世界各国の自動車メーカー、Bosch（ボッシュ）などの自動車部品サプライヤーに加え、ソフトウェア技術などに強みを持つWaymo（ウェイモ）やUber（ウーバー）といったITジャイアントやスタートアップが日夜、技術開発競争を繰り広げている。

　公道でのテスト走行では、公道で自動運転中に同乗しているドライバーが危険を察知して運転に介入した回数を示す「介入回数（disengagements）」が1つの目安となる。介入回数は低いほど自動走行の精度が高いことになるが、カリフォルニア州の公表によると、トップランナーであるウェイモは2017年には352,544.6マイルの自動運転走行を行い、63回の介入が発生した。つまり、約5,595マイルに1回の介入で、1,000マイルあたり0.17回ということになる。

　2016年が0.20回、2015年が0.80回だったことから、着実に自動運転の技術が進化していることがわかる。これは走行距離が伸びたことで学習量が増え、学習量が増えたことでさらに安全に走れるという好循環を生み出せたからだ。

　公道による自動走行実験は、シンガポールやアムステルダムといった世界各国の都市でも許可されている。そこではAptiv、MayMobility、OptimusRide、Drive.ai等といったプレイヤーが、日々自動運転技術の開発をしている。

　自動運転走行の実証実験は公道だけで行われるわけではない。仮想環境で自動運転のキーとなるソフトウェアを効率的に学習させるというアプローチもある。日本のスタートアップのアセントロボティクスは、あらゆるケースが想定可能な仮想環境上で自動運転AIを学習させることで、自動運転技術を飛躍的に高めようとしている。

　このように、日々リアルの公道、あるいはバーチャル環境で自動運転の

1　世界初、自動運転タクシーが営業走行実験。乗客「普通のタクシーと勘違いするほど自然」Newsweek（日本版）、2018年8月27日
　（https://www.newsweekjapan.jp/stories/world/2018/08/post-10853.php）

キーコンポーネントであるAIの精度が高められている現状を踏まえると、われわれの生活にロボットタクシーが変革をもたらす未来が、比較的近い将来に起こってもおかしくはない。

実際にアメリカのアリゾナ州フェニックスでは、2016年からアーリーアダプタープログラムで、ウェイモが運転席に人を乗せた自動運転車両を走らせている。さらに、2018年12月には、一部の限られた人向けではあるが、有料サービスとして展開した。

ウェイモに限らず自動運転を手掛ける企業の多くが、2020年代前半を目標にロボットタクシーサービスを提供しようとしている。これらのことから、ロボットタクシーサービスが現実のものとなる日は近いのではないだろうか。

ロボットタクシーは人口の多い都市部で実現する

それでは、ロボットタクシーはどのような地域で実現するのだろうか。理想を言えば、全国に普及するのが望ましい。地方部では高齢化の進行によって、高齢者の移動手段が厳しい状況に置かれているからだ。

地方部の高齢者は、車が運転できなくなったにもかかわらず、代替手段である路線バスは採算が取れずに廃止され、タクシーは高額で利用しにくい。そのため、自治体が運営する1日数本のコミュニティバスだけが頼りという状況も少なくない。

そうした状況に置かれている地方部にとって、ロボットタクシーはこの閉塞的な状況を打開する有望な手法に見える。しかし経済合理性だけを考えると、彼らの望み通りにはなりそうもない。それは、自動運転車の収益構造に原因があるからである。

そこで、ここではまずタクシー業界を例に収益構造から見ていこう。現在のタクシー業界は、総走行距離に対して有償サービスとして走行した距離の比率を「実車率」と呼び、KPI（Key Performance Indicator）として定義している。これは、自動運転モビリティサービスでも同じだ。実車率が高い地域であれば自動運転モビリティサービスも採算が取れるし、逆に低い地域では採算が取れないのでサービスが成り立たない。

実車率が高い地域というのは移動需要密度（≒人口密度）が大きい地域、つまり都市部だ。都市部では駅だけでなく、街中を走る流しのタクシーも多い。それは、乗客を降ろしてすぐに次の乗客を乗せることができるからである。
　ところが、地方部ではそうはいかない。タクシーは、タクシーを保管している会社と需要発生地、目的地を三角形で移動することになる。しかもその1辺でしか料金が発生しない。つまり、総走行距離に対する実車率は低くなり、収益も少なくなるのである。
　このように収益構造から言えば、地方部でロボットタクシーの実現は難しいといわざるを得ないのである。

ロボットタクシーの車両コストは走行距離に比例する

　コスト面はどうだろうか。収益が低くても、コストが低ければ、採算が取れる可能性はある。そのコストだが、ロボットタクシーにはコストを押し下げる次の3つの要因がある。

　①人件費の極小化
　②無人化による走行の効率化
　③無人化による休憩時間等隙間時間の排除

　このうち①から、総コストに対する車両費が占める割合が大きくなることが、②と③からは自動運転車両は現状と比較して年間の走行距離が長くなることがわかる。このことから、ロボットタクシーでは、耐用年数の概念が薄れ、耐用走行距離によって寿命となり、交換されると考えるのが妥当だ。
　都市部では実車率を高く維持できることから、走行距離当たりの車両コストは相対的に低く抑えられる。他にも、燃料費やメンテナンス等、総走行距離に比例してかかるコストも相対的に低くなる。
　それに対して、移動需要密度が低い地方部では非実車での走行が増えやすいため、車両コストも燃料費などのコストも相対的に高くなってしまう。
　そのため経済合理性から言っても、ロボットタクシーは都市部を中心に普

及していくことになる。地方部では、政府による補助や規制等が働かない限り、ロボットタクシーの可能性はないだろう。

　これらの論点を踏まえると、都市部はロボットタクシー、郊外や地方部は有人ライドシェアサービスやタクシーというように、自動運転車と従来型サービスがエリアを棲み分けて併存していくことになるのではないだろうか。

　つまり、モビリティサービス・プロバイダーの視点でのロボットタクシーの収益最大化のポイントは、保有する自動車という資産をいかに効率的に運営し実車率を上げ、走行距離当たりの収益を最大化していくか、いかにメンテナンスを適切に行い走行距離の視点で車両を長寿命化していくのかということになりそうだ。

2-2

モノの移動を変えるサービス

モノの移動は、従来型トラック物流と域内デリバリー

　物流網の発展や、EC化の更なる進展によって、モノの移動が爆発的に増えている。モノの移動は、従来型のハブ＆スポーク方式による物流がCASEによって大きく変化することに加えて、自動運転技術を活用した小口・域内のダイレクト物流が出現しつつある。

　まずは、ハブ＆スポーク方式による現在の物流サービスだが、日本で物流サービスといえば、真っ先に思い浮かべるのはクロネコヤマトや佐川急便のような大量・低価格の物流サービスだろう。

　一方、域内にはUber Eatsや宅配ピザのように料理をデリバリーしてくれるサービス、スーパーなどが行っている買い物代行サービスなどがある。海外に目を向けると、たとえばインドネシアのGO-JEKはモノや料理を運ぶだけでなく、クリーニング屋に洋服を運ぶサービスや、ネイリストをお客様のところに届けるサービスを実現している。こうした特定域内のデリバリーも、自動運転技術を活用した無人化が起きつつある。

従来型トラック物流サービスの課題

　トラック物流サービスは、現状「ドライバー不足」「積載率の低さ」等といった課題を抱えている。

　まず、ドライバー不足だが、日本での市場を見ると全職業（パート含む）の有効求人倍率が1.38倍であるのに対し、貨物自動車運転手（パート含む）

のそれは2.68倍となっており、人手不足が窺える。

　こうした背景には、全産業と比較した低賃金・長時間労働という労働条件の悪さがある。まず低賃金であるが、トラックドライバーの年間所得額は、全産業と比較して大型トラック運転手で約1割低く、中小型トラック運転手で2割低い。

　加えて、年間労働時間は全産業と比較し大型トラック運転手で1.22倍、中小型トラック運転手で1.16倍長い。

　こうした低賃金、長時間労働は、隊列走行をベースとした自動運転技術で改善することができる。複数台の車両を1人のドライバーで運転することで、中継地点でドライバー交代をして過度な労働時間を削減するとともに、削減した人件費を時間あたり賃金に還元。そうすることで、低賃金・長時間労働から脱却することができる。自動運転技術によるそもそもの省人化に加えて、労働条件を改善することで課題の人手不足を改善できる可能性がある。

　次に、積載率は国土交通省のデータによると、一荷室に対する積載率は41％程度と、実に半分以上はトラックの荷台に空気を積んで運んでいることになる。

　積載率の低さには、さまざまな事情がある。拠点間／企業間の情報連携、配送スケジュール制約、冷凍・冷蔵等の物流仕様、貨物の特性（化学品と野菜など匂いなどの問題により混載が難しい等）等が考えられるが、トラック配送・集荷を定期ルートにしていることも一因としてある。

　定期ルートでは、荷物の多寡に関係なく、同じルートを回る。ドライバー視点では、定期的・安定的な仕事となるメリットがある一方で、積載率は必ずしも最適化されない。

　これを、物量を把握しリクエストベースのやり方に変更すれば、積載率を最大限上げることができる。ただし、このやり方ではドライバーを突発で確保することが必要となるため、相対的に高い単価でドライバーを雇い対応することが必要となり、運送会社としては配送料金を上げざるを得なくなってしまう。結果として、わざわざ突発対応をしてドライバーコストを高くしてまで、積載率を高めることの意味が薄れる。

　しかし、これが自動運転化されるとどうなるだろうか。自動運転物流であれば、日々アドホックなルートを周回したところで、突発対応としての追加

コストを支払う必要はなく、物流コストに大きな差は生まれにくい。各拠点の状況をデータとしてインプットし、動的にトラックを最適に割り当て、コストを最適化するような仕組みがあれば、積載を最適化することが可能となる。

このように考えると、自動運転は積載率向上の打ち手の1つとなる可能性はある。

ヒトを乗せ運ぶモビリティサービスは、すでにウーバーなど圧倒的なシェアを持つプレイヤーが出始めている。しかし、物流サービスではまだ圧倒的なプレイヤーは出てきていない。

モノを運ぶ物流サービスは、CASEによって人件費が減るだけでなく、混載や積載率などのボトルネックも解消し得る。そして重要なことは、いまこの問題に取り組むプレイヤーは、旅客と比較してそれほど多くないということだ。

拡大する域内デリバリーサービス

日本では、「出前」として古くから料理のデリバリーサービスがある。こうしたサービスは、UberによりUber Eatsとしてシステム化され、日本の一部の地域でも広がりつつある。

また、他国の状況を見ると、料理に限らず、モノを届けるデリバリーサービスが存在している。たとえば、インドネシアで二輪タクシー配車アプリを手がけるGO-JEKは、次のようなデリバリーサービスを提供中だ。

● GO-SEND

一般ドライバーによるバイク便。指定場所から目的地まで荷物を配送する。サイズは縦70cm×横50cm×高さ50cm、重さ20kgまで。紛失時は最高Rp10,000,000（1円＝Rp112として約9万円弱）まで補償。壊れやすいガラス製品や生花等は適用外。

● GO-FOOD

フード宅配サービス。レストランや食堂で、指定したものを買って届ける。アイスクリームやケーキなどは特別梱包が必要で、損傷や変形も免責

（補償対象外）。

● **GO-MED**
　薬のお届けサービス。指定された薬局から薬を届ける。

　こうした域内の物流サービスは、将来的には小型の自動運転配送ロボットを活用したデリバリーサービスに置き換えられていくことも考えられる。
　実際に、こうした屋外の域内物流をロボットに置き換えようと活動しているスタートアップが出てきつつある。たとえば、アメリカのKiwiは、フードデリバリーサービスのDoorDashと協業して、実証実験を進めている。他にも、スペインのEliport社は、オンラインスーパーのUlabox社と連携してプロトタイプの制作を進めている。
　また、専用の自動運転小型配送ロボットだけではなく、自動運転モビリティサービスの荷室を活用するサービス形態も見込まれる。一般的に、荷物1つを配送する際の距離あたり料金は、バイク便などの特急を売りとしたサービスを除き、距離あたりの単価は旅客と比較して安い。前述の通り、自動運転ロボットタクシーでは、走行距離あたりの収益性（実車率、距離あたり単価）が重要となることから、距離あたり単価の安いモノを単発で運送するようなサービスは生まれにくい。しかし、空いている荷室などを活用し、旅客＋物流を同時に行うような形態であれば、成り立つ可能性はある。これも、自動運転ロボットタクシーが、その状態（現在地、目的地、稼働状況、トランク使用状況等）をすべてデータで一元管理しているからこそ、マッチングが可能となるのだ。

2-3
モビリティに伴う
エネルギーサービス

モビリティ3.0時代を支える"電動"を活用した
エネルギーインフラ

　PHEVを含む電気自動車の数は、調査機関によりさまざまな予測はあるが、2030年には3,000万台程度が新車として販売されると見込まれている。2017年の各国を合計した生産台数が約9,700万台であるため、2030年には新車販売台数に占める電気自動車のシェアは3割程度になると想定される。

　電動化の最も大きなメリットは、TCO（総所有コスト：Total Cost of Ownership）がガソリン車に比べて安くなる可能性があることだ。TCOとは初期費用と管理維持費用の総額のことで、クルマの場合は車両の購入費用、燃料費（電動車両なら電気代）、部品などの修繕費、自動車税、保険などの合計金額となる。各国の産業政策によっても違うが、電気自動車の購入に国が補助金を出しているのであれば、それも含まれる。

　個別に比較してみよう。現時点では、購入費用は電気自動車のほうが高いが、クルマを動かすエネルギーコストはガソリンよりも電気のほうが低い。そのため、ある一定以上の距離を運転するユーザーにとっては総所有コストでは電気自動車のほうが割安になるということだ。

　ハイブリッド車が導入された際も言われたが、エネルギーコストが低くなると、ドライバーは燃料代に対する抵抗感が下がり、より多く移動するようになると言われている。移動の増加は総所有コストに比べて微々たるものだが、実際にはさまざまな経済効果をもたらす重要な役割を果たしている。

　一方、電気自動車の航続可能距離は高燃費のガソリン車やハイブリッド車

の半分以下に過ぎず、EVバッテリーの技術水準はまだ進化の途上にある。しかも、電気自動車にエネルギーを供給する充電インフラサービスについては、その数のみならず利便性の観点からもガソリン車に遠く及ばない状況だ。つまり、日常的に利用するという面においては、ガソリン車のほうに優位性があるということになる。

このような環境のなか、電気自動車にエネルギーインフラとしての新たな役割が与えられようとしている。その役割とは、車両として使わないとき、電気自動車のEVバッテリーを電気サービスとして活用するというものだ。将来的には、走行にかかるエネルギーコストがゼロになると見込まれている画期的なものでもある。

それではCASEのE（電動）、つまりは電気自動車を活用することでエネルギーインフラがどのように変化していくのだろうか。具体的に見ていこう。

充電サービスの現状

前述したように、電気自動車のメリットはガソリン車に比べて、クルマを動かすエネルギーコストが低いことである。だが、現在は急速充電であっても8割充電するのに30分以上かかる。加えて、電気自動車の絶対数が少ないために、充電器が設置されている場所も十分とは言えない。つまり、今後、電気自動車が大きく普及するには、エネルギーを供給する充電インフラサービスの強化が必須ということだ。

現時点では、電気自動車普及のために、政府・自治体やメーカーが充電器の設置・管理費用や充電の際の補助を出している状況にある。そうした施策の効果もあり、日本国内の充電器は、都市部のコインパーキングやショッピングモール、自動車ディーラーなどの駐車場等への設置が進み、2017年末時点のEV・PHEVの保有台数20万台に対し、3万基を超えるレベルまで普及している。これは電気自動車先進国の中国に比べると見劣りするものの、他の先進国と比べるとむしろ多く設置されている。

ただし、充電器が設置されているのは、東京や大阪といった都市部に偏っている。都市部であれば普段の生活に困ることはないだろうが、走行距離が長く、充電をより必要とする地方に行くと普通充電器しかない、あるいは充

電器そのものの設置場所が少なくなる。特に急速充電器は、東京や神奈川等に比べて北海道や東北地方などは面積に対して設置数がかなり少なく、密度差は10倍以上にもなる。

　現在、電気自動車向けの充電サービスは、日産自動車や三菱自動車、テスラモーターを中心に月額数千円の定額制や従量課金制など、さまざまなサービスが登場している。だが、充電サービスはまだビジネスとして持続可能なレベルにまで到達しているとは言えない。

高出力化によって充電器の利便性は向上する

　充電器の性能向上、つまり高出力化も必要だ。現在、日本で普及している急速充電器はCHAdeMO方式と呼ばれるもので、最大出力50kWが主体である。50kWの急速充電器で充電した場合、たとえば2017年に発売されたバッテリー容量40kWhの日産自動車の新型リーフならば、バッテリー残量警告灯が点灯した時点から充電量80％まで約40分かかる計算となる。

　一方、テスラの急速充電器はSuper Chargerと呼ばれるもので、最大出力は120kW。これならば、およそ30分でバッテリー容量90kWhのテスラ車両の8割程度が充電可能だ。Super Chargerに対抗するかのように、CHAdeMO方式でも2017年より最大出力150kWの充電器を導入、より短い時間での充電を実現しようと取り組んでいる。

　このように各社が充電の高出力化に取り組んでいるのは、電気自動車に搭載するリチウムイオン電池の高容量化が進んでいるからである。今後は、さらに充電器の高電圧化が進むと想定される。すでにアメリカの電気自動車充電インフラ会社のChargePoint社やEVgo社は、最大出力350kWで充電可能な充電サービスの開始を表明している。この動きには、自動車メーカーサイドも追随する。ポルシェは、2019年後半に販売開始する第1弾の電気自動車に備え、最大出力350kWの充電器を配備していく方針を表明している。

人々の生活に必要となる最新充電システム

●スマート充電システム

　電気自動車が一般家庭に広く普及すると、夕方から夜にかけての電力需要に大きな変化が起こるかもしれない。たとえば、帰宅後に急速チャージしたいユーザーが増えれば、夕方から夜に電力需要が増加するだろう。実は、これが電気自動車の先進地域であるカリフォルニアで懸案事項となっている。

　さらに、太陽光等の再生可能エネルギーに拍車がかかる。再生可能エネルギーが普及すると、日中は太陽光発電で電力消費を賄うために、実質電力需要が減少する。その一方で、電力需要のピークを迎える17時以降に実質電力需要が急増する。この現象を「ダックカーブ」と呼ぶが、カリフォルニアではこのダックカーブと電気自動車の充電問題とがダブルパンチで問題になっている。

　この問題に対して電力会社や自動車会社を中心に、電気自動車ユーザーに充電時間をずらすスマート充電の実証実験が行われている。この実証実験では、ユーザーが電力プランの見直しと併せて充電タイミングをずらせば、その貢献に応じたインセンティブがもらえることになっている。

　その先のサービスも検討されている。電気自動車のバッテリーをサービスとして活用するというものだ。充電だけでなく、電気系統側へ放電することで走行電気代を無料にできるようなサービスの研究が世界各地で行われている。これらのサービスは総称してVehicle to Gridサービスと呼ばれている。

　これは、個人所有のクルマの稼働率が1割以下と言われていることから始まったアイデアだ。残りの9割を電気サービスとして電気系統側に供給することにより、年間数万円の走行電気代を無料にしようとする動きだ。

　詳細は次章で詳しく説明するが、この背景には再生可能エネルギーの増加に伴い、火力発電所が減少し、電力の安定化を担う機能が減少したことが挙げられる。車両のような細かい電源を仮想的な発電所（バーチャルパワープラント）としてデジタル技術でまとめて管理することで、エネルギーサービスとして活用するような技術が研究・実用化されようとしているのである。

　今後は、クルマの電気を家庭やビルなどの建物の電源、さらには太陽光な

どの発電装置を含めて統合管理することで電気代を大きく下げるようなサービスが普及していくだろう。

● **自動充電システム**

本節の冒頭で充電器の高出力化について触れたが、それに伴い充電ケーブルもかなりの重量になることが予想される。たとえば、最大出力200kWの充電ケーブルの重さは、充電ガンを含めると約10kgにもなる。これは、高出力化とともにある程度、重さも比例するからだ。そのため、高出力化は、女性や高齢者など力が弱い人にとって負担が重くなる可能性がある。

また、ここ数年で街中・公共の充電ステーションはかなり増えているが、収益化に関しては課金システムや費用もさることながら、使われにくいロケーションでの低い稼働率が問題視されている。

稼働率の問題としては、大きく2つある。1つは、電気自動車に充電ケーブルが挿しっぱなしになることが挙げられる。電気自動車の充電時間は、急速であれば30分程度で終わる。だが、充電し終わっても、そのままになっているケースが多いのだ。

もう1つは、充電器がある駐車スペースにガソリン車が駐車していることがある。アメリカでは、この状態のことをICEed（Internal Combustion Engineが駐車されている状態）という言葉が用語化されるほど問題視されている。

この問題への対処方法としてベンチャー企業や自動車メーカーが取り組んでいるのが、ロボットアームを活用した充電サービスである。特に、電気自動車へのかじ取りを急速に進めているフォルクスワーゲンは、国際自動車ショーで自社開発の電気自動車向け自動充電ロボット「CarLa（カーラ）」を披露するなど、充電サービスでも先進的な取り組みを始めている。

● **非接触充電システムと走行中充電システム**

もう1つの先進的な充電システムが「非接触充電システム」だ。これは、車を止めるときに充電器をセットしなくても、所定の位置に止めるだけで充電してくれるというものである。非接触型ユニットを通じて充電をするというわけだ。

技術方式は磁界共鳴方式などいくつかあるが、基本的には、クルマに受電ユニットを装着し、床に設置された送電ユニットから電力を送って充電をする。

　この非接触充電システムは、上記の自動充電サービスと同様、ユーザーは充電器を取りつける必要がないため、非力な女性や高齢者でも利用しやすい。また、充電忘れといった問題もなくなる。技術レベルとしては、非接触充電システムはすでに実用化の段階にある。日産自動車やBMW、ダイムラーなどは非接触充電サービスのローンチを発表している。

　ただし、このシステムには2つほど課題もある。1つは、クルマの駐車位置のずれだ。駐車位置がずれてしまうと、送電側ユニットと受電側ユニットがずれてしまい、ロスを生む原因となる。この問題を解決するには、自動駐車や駐車アシスト技術など、非接触充電システムと親和性の高い運転支援機能の実用化が必要となるだろう。

　もう1つは、出力の弱さである。現在実用化されている非接触充電器の多くは、最大出力が数kW〜10kW。出力が弱いために、満充電に数時間かかる計算だ。そのため、駐車時間の多い自宅や職場など限定的なシーンで当面は利用されることが想定される。

●走行中充電システム

　ここまでは、駐車中に充電するシステムを紹介した。そこで最後に、走行中に充電するシステムを紹介しよう。

　電気自動車の課題の1つに、航続距離の長さがある。たとえば、日産自動車の公式製品ページでは、リーフの航続距離は400km以上[2]。すでに平均的な燃費のガソリン車並みに走れるとはいえ、地方では充電ステーションが未整備であることを考えると、充電方法に対する発想の転換も必要だろう。そうして生まれたのが「走行中充電システム」だ。

　走行中充電システムは、ある特定の道路やガードレールに地上給電モジュールを埋め込み、道路を走行する電気自動車のバッテリーを充電すると

2　日産自動車HP
　（https://www3.nissan.co.jp/vehicles/new/leaf/charge.html）

いうシステム。この方法ならば、時間をロスすることなく、実質的な航続距離を延ばすことができる。

　米クアルコムは、時速120kmで走行中にも充電できる非接触充電システムを発表した。また、イタリアやスウェーデン等の欧州各国でも、走行充電技術の実証実験が行われている。ただし、走行中充電システムを実現するには道路などのインフラ工事が必要となる。かなり大きな投資となることを考えると、出力も限定的にならざるを得ないだろう。したがって、実用化に向けてはバッテリーの性能進化のスピードとのにらみ合いになることが想定される。

2-4
モビリティアセットマネジメントの新たな潮流

収益最大化のための4つのアセットマネジメント

　前章で説明したように、CASE X.0の到来によって、クルマは自分で乗るための消費財から収益を生む生産財へと変化する動きが加速すると考えられる。クルマを通して蓄積されたデータを活用することで収益性をさらに高めることも可能となるだろう。現状のクルマは、経年劣化で資産としての価値（中古車価格）は年々下がっていくのが常識だが、CASE X.0時代には、データを活用したサービス提供に使用される生産財としてのクルマに関しては、それによって同等のサービスが提供され期待収益が変わらない限り、価値を維持することが論理上可能となる。これを考えると、さまざまなシーンでクルマを活用した各種モビリティサービスを提供する個人・法人にとって、いかに効率的に収益を最大化させるかという「アセットマネジメント」への期待が高まる。

　たとえば、モビリティサービスの高度化の1つとして、空いた時間を使ってサービスを提供して収入を得たいと思うドライバーに対して、事業者または個人のオーナーがクルマを貸与するようなサービスが考えられるが、これを実現するにはオーナーの属性やクルマの特徴、ユーザーの属性の他、そのクルマがどこでどの程度使用可能なのかなどの情報が必要となる。また、各クルマの状況に応じて適切なものを選定し、それを移動ニーズのあるユーザーに対して適切な時間と場所で配車し、インフラの状況に対応して移動サービスを実行する、という複雑なマッチングも必要となる。

　しかし、そのようなアルゴリズムを自ら開発しアップデートできるだけの

図7：モビリティアセットマネジメントの類型

	車両保有者	車両使用者	主なモビリティサービスタイプ	アセットマネジメントサービス
①フリートマネジメント型	顧客	顧客	・タクシー（ロボットタクシー含む） ・レンタカー ・物流 ・カンパニーカー	・車両などモビリティアセットの供給先（販売先）に対してその収益最大化のためのサービスを提供（車両データ、走行データ、需要データ、情報、およびその他に基づくマッチング等） ・収益最大化のために、使い方、走らせ方、メンテナンス等を最適化
②長期サブスクリプション型	自社	顧客	・タクシー（ロボットタクシー含む） ・レンタカー ・物流 ・カンパニーカー	・リース等で車両を長期貸与する期間中、フリートマネジメントと同様の、車両を用いたサービスの収益最大化のためのサービスを提供
③短期サブスクリプション型	自社	多様	・ライドシェア ・カーシェア ・デリバリーサービス ・エネルギーサービス	・自社の収益最大化を目指すアセットマネジメント（自社保有の車両を、その時点で最も収益性の高い（使用による高い価値が認識される）サービス・プロバイダーに貸与し、そのサービスに有用なサービスを併せて提供）
④運用型	顧客	多様	・ライドシェア ・カーシェア ・デリバリーサービス ・エネルギーサービス	・販売先（販売先でなくても）顧客の車両を預かり、最適にマッチングさせる活用により、その収益を顧客に還元

（出所）アクセンチュア

リソースを、すべてのサービス事業者が持っているとは限らない。モビリティサービスを提供しようとしているサービス事業者に対して、たとえばこうしたサービスを提供することでクルマという事業アセットの収益性を高めてあげるというサービスのニーズが高まると考えられる。

　こうしたアセットマネジメントサービスの提供先である顧客としてのサービス・プロバイダーの事業には、「ライドシェア」「カーシェア」「デリバリーサービス」「エネルギーサービス」「カンパニーカー（サービス・プロバイダーではないが自家用社用車として活用する）」などさまざまな業態が考えられるが、これらモビリティサービスの収益最大化を目指すアセットマネジメントには、大きく「フリートマネジメント型」「長期サブスクリプション型」「短

期サブスクリプション型」「運用型」の4つのサービスモデルがあると考えられる（図7）。

①フリートマネジメント型

　このサービスモデルの場合、車両は顧客保有で、顧客がモビリティサービスなどに使用するモビリティアセットの収益最大化をサポートする。従来の大口顧客向けサービスの延長で、車両の供給先（販売先）に対して、その収益最大化のためのサービスを提供する。

　提供するサービスには、たとえば車両データ、走行データ、需要データ、サービス提供のために有益な情報やリコメンデーションなどがある。それに基づく需要者とのマッチングまで提供することで、顧客は使い方、走らせ方、メンテナンスなどを最適化し、収益を最大化させることが可能となる。

　前節「モビリティに伴うエネルギーサービス」も、法人ユーザー向けにV2B（Vehicle to Building）を含む電力コスト最小化と稼働最大化のための充放電最適化や、V2Gなどのエネルギービジネスからの収益最大化のサポートを行う意味では、このタイプのアセットマネジメントの1つと位置付けできる。

　モビリティサービス事業者は「フリートマネジメント」サービス料を支払うことになるが、その前提として、「フリートマネジメント」サービス料以上の収益を得られることが必要となる。

②長期サブスクリプション型

　車両はアセットマネジメントサービスを提供する事業者自身の保有で、固定顧客がモビリティサービスに使用するモビリティアセットの収益最大化をサポートする。いわゆるCaaS(カー・アズ・ア・サービス)またはVaaS(ビークル・アズ・ア・サービス）に相当する。リース等で車両を長期貸与する期間中、それを用いたサービスの収益最大化のためのサービスをパッケージにして、月額課金、従量課金、それらを組み合わせた料金体系で提供する。

　フリートマネジメント型同様、車両データ、走行データ、需要データ、その他サービス提供のために有益な情報やリコメンデーションなどを提供し、収益最大化のために使い方、走らせ方、メンテナンスなどを最適化する。

③短期サブスクリプション型

車両は自社保有で、不特定のモビリティサービス事業者やその利用者にモビリティアセットを貸与し、顧客ポートフォリオを最適化することで自社の収益を最大化する。自社保有の車両を、その時点で最も収益性の高い（使用による高い価値が認識される）サービス・プロバイダーに貸与し、そのサービスに有用なサービスを併せて提供する。

ライドシェア、カーシェア、デリバリーサービス、エネルギーサービスなどの貸出先事業者に、車両データ、走行データ、需要データ、それらに基づく需要者とのマッチングなどを提供することで、貸出先事業者の事業機会と事業収入を増加させる。それにより、固定貸出価格の場合はより高い値付けが可能となり、手数料制の場合は貸出先事業者の収入に応じた高い手数料収入が見込まれる。

車両アセットの活用ポートフォリオにサービス・プロバイダーへの貸与、自社で提供するサービス、自社使用も加えるなどの最適化を図ることも可能だ。このサービスモデルでは、その時点ごとにどのサービスに利用してもらうのが最適かを判断するアルゴリズムや、それに基づき実行するオペレーションが不可欠かつ重要となる。

④運用型

顧客が保有するモビリティアセットの運用委託を受けることで、使用先を最適化し、収益最大化を支援する。販売先（販売先でなくても）顧客の車両を預かり、最適活用し、その収益を顧客に還元するという意味で、金融資産における投資顧問サービスのようなものとなる。たとえば、ウィークデーの間預かって運用したり、週末預かって運用したり、一定期間借り上げで運用したり、長期出張中預かって運用したりなどさまざまなケースに対応する。

活用方法としては、ライドシェア、カーシェア、デリバリーサービス、エネルギーサービスなど、その時点で最適マッチングするという意味で、自社収益を目的とした短期サブスクリプション型に近い。

運用収益の還元方法は、大きく「定額制」と「収益還元型」の2つに分類できる。「定額制」は、期間に応じて一定額のみを手数料として受け取り、その定額手数料と運用収益との差分が自社収益となる。運用リスクを負う代

わりに、高い運用収益を上げられればその分収入が増える。「収益還元型」は、一定手数料を受け取るのと併せて運用収益のうち一定比率を受け取るモデルだ。運用リスクは基本的には資産保有者が負い、運用収益はシェアする。

モビリティ領域のアセットマネジメントが不動産と同じように拡大する

　車両をモビリティアセットとして所有しサービスを提供するプレイヤーにとって、そのアセットを最適にマネジメントすることは、以下のメリットを通じてモビリティアセットを保有するための資金調達の柔軟性の面で有利になるという点で価値を享受できる。

①アセットマネジメントを通じて、用途の最適化、事業収益の最大化、メンテナンスの最適化によるモビリティアセットのリスク最小化・収益最大化が図れる。さらに、次の２つの効果が期待できる
②モビリティアセットのリセールバリューが向上する
③事業オペレーションの負担を軽減できる

　①は、リース債権の健全性（資産保全、事業資産としての収益性）が担保されることから、流動化（債権証券化）による資金調達が容易となる。市場金利が低い局面では大きなメリットは期待できないが、金利上昇局面や負債規模拡大を抑制したい場合にはコストを負担しても有効性が高くなる。
　また、モビリティアセットが収益資産であるとの認識がより一般化し、期待収益が高まってくると、モビリティアセットを対象とした投資信託や、モビリティサービス事業用資金調達などへも広がりを見せるようになる。
　②は、最適にメンテナンスされ、収益最大化が図られれば、事業用モビリティアセットとしての市場価格が有利になるということである。事業者向けに継続的なサービス付きで収益性を担保できると、さらに有利な条件での販売もしくはパッケージリースも可能となる。
　③は、このようなモビリティサービスや、アセットマネジメントにおいて

図8：不動産との比較

	不動産	モビリティアセットへの示唆
「事業資産」化	・約2,400兆円の不動産資産のうち約半分の約1,200兆円が事業用不動産と推定（日本銀行、三菱UFJ信託銀行推計） ・個人による事業用不動産保有も拡大 ・リース、賃貸、民泊、駐車場などに運用	・拡大する「利用」需要に対し、事業用モビリティ資産も拡大すると予想 ・大規模事業者から個人事業まで多様化
事業主体	・不動産業 ・個人（P2P：投資不動産、民泊） ・法人（遊休資産） ・公的セクター	・個人の参入（P2P）はさらに多様化しながら拡大する可能性 ・法人事業者と個人事業者が併存か
アセットマネジメントサービス	・需給マッチング（代行・仲介手数料） 　- 短期：民泊 　- 中期：賃貸 　- 長期：リース、借上げ ・メンテナンス、オペレーション代行、情報提供 ・事業運営サポート（決算・税務など）	・マッチングサービスはさらに普及し当たり前化し、サービスも多様化 ・マッチングサービスの付帯機能としてのアセットマネジメントサービス拡大
資金調達	・市場調達 ・リース債権流動化 ・不動産投資信託（REIT）	・アセット保有者の資金調達手段が市場調達に加え多様化

（出所）アクセンチュア

　は、そのオペレーションプロセスを簡素化する効果があるということである。サービス提供のオペレーションにおいては、多数の利害関係者が関わり、資産や取引のトレーサビリティも重要になってくるため、たとえばブロックチェーンのような技術を活用することで、「データの民主化」「自律分散化」が進めば、その管理の複雑さやシステム投資を軽減しオペレーションの負担軽減を図ることも可能となるだろう。さらに、このモビリティアセットのマネジメントプロセスを通して蓄積される情報・データは、個人・法人の事業者の事業管理に資する形で提供することもできる。特に個人事業主に対しては、一般的には慣れていない決算資料の作成や税務申告などの簡素化に役立つ情報やプロセスの提供も価値になるだろう。

　このように考えると、モビリティアセットは、収益資産という意味において収益不動産と類似する部分がある。そこで、今後のモビリティアセットマネジメントの方向性をイメージしやすくするために、収益不動産と比較して

説明してみたい(図8)。

不動産の場合、住宅の「賃借」市場が比較的大きなポーションで存在する。たとえば、2013年の総務省統計局「住宅・土地統計調査結果」によると、日本の総住宅数に占める借家比率は約38%、東京は約54%である。そのような市場向けに、法人や公的セクターだけでなく個人が事業用収益資産として不動産を保有し、事業を営むケースも一般化している。用途も住宅だけでなく、オフィスや駐車場、また前述した「Airbnb」などの民泊、シェアハウスなど、「シェアリングエコノミー」も不動産では先行して拡大してきた。資産用の資金調達スキームも、モーゲージローンに加え、リース債権流動化や不動産投資信託(REIT)などの普及が進んでいる。

不動産市場と同様に、モビリティアセットも稼働率向上のニーズが拡大すると同時に需要者とのマッチングが進み、収益資産としての認識やトレーサビリティが高まっている。結果的にその資産価値の評価が確立してくると、不動産と同様のアセットマネジメントのスキームの拡大が進んでいくものと思われる。

EVバッテリー単体のアセットマネジメントの可能性

ここまでは、車両を対象としたアセットマネジメントを考えてきた。だが今後、EV化が進行していけば、車両コストのなかでも大きな比率を占めるEVバッテリーの保有負担を軽減したいというニーズや、それをもっと利活用したいというニーズが高まる。そこで、バッテリーの部分のみをアセットマネジメントの対象とするような動きも出てくるだろう。

EVバッテリーをモビリティアセットとしたとき、その価値を最大化するには、リユースやリサイクルまで含めたバッテリーの製品ライフサイクル全体を考える必要がある。それには、いわゆる「サーキュラー・エコノミー」(再生し続ける経済環境を指す概念で、製品・部品・資源を最大限に活用し、それらの価値を目減りさせずに永続的に再生・再利用し続けるビジネスモデル)の観点が有効だ(図9)。なぜならば、EVバッテリーは導入費用が高額にもかかわらず、普通に使用しているだけではその稼働率が極めて低いからである。つまり、バッテリーの利活用を最大化させることが、利用者にとっ

図9：「サーキュラー・エコノミー」を考慮したバッテリーのライフタイム・バリューの最大化

「サーキュラー・エコノミー」

（図：START → 製品開発 → 調達 → 製造 → 販売市場 → 利用モデル → 回収 → 製品開発、の循環。内側にモジュール利用型設計／原材料の転換、リサイクル／アップサイクル、リビルド、メンテナンス・用途最適化、シェアリング、サービス化、再販、回収などの層が示されている）

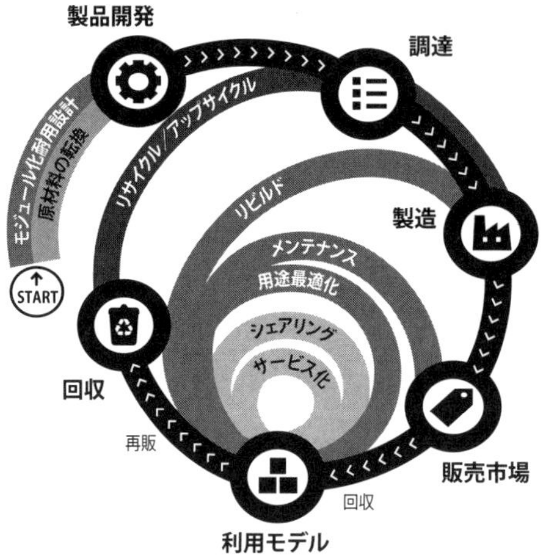

**「Electric」の中での
バッテリー利活用の最大化**

✈ **原材料革新**
・材料革新と次世代二次電池の開発
・標準素材を組み合わせたバリエーション達成により、素材レベルでの規模の経済性の追求
・長寿命＆リサイクル性の高い素材

🔋 **製品ライフ長期化**
・IoTを活用した遠隔監視・制御、ノウハウの蓄積・進化、使用方法の最適化による長寿命化
・部分的な交換・修理が可能なモジュール設計

⚙ **稼働率向上・用途最適化**
・車両のシェアリング（ライドシェア、カーシェア）
・バッテリーのリースやシェアリング
・データモニタリング・分析により、状態に応じた最適な用途（車両用、V2G、V2H、V2Vなど）を創出・提供
・用途汎用性を高める標準モジュール設計

♻ **回収・再生**
・特定用途での使用済みバッテリーの他用途活用
・IoTをベースとしたサービスでの提供による品質情報の取得と確実な回収・効率的リバースサプライチェーン
・マテリアル・サイエンス・テクノロジーによるリサイクル性向上

（出所）Peter Lacy & Jakob Rutguist, *Waste to Wealth*, Palgrave MacMillan, 2015

ての利用当たりコストを下げると同時に、所有者にとっての価値向上につながるのである。

「サーキュラー・エコノミー」でのバッテリーのライフタイム・バリュー向上に向けては、次の4つの取り組みが必要となる。

①原材料の革新

製品ライフを長期化できるような材料、収益性の高い多用途に対応できるような材料、回収・リサイクル性の高い材料を用いた高性能バッテリー開発の取り組み。同じ原材料で形状を変えたりできる生産プロセスの導入にとどまらず、標準的な原材料を組み合わせてバッテリーのバリエーションを実現できるような技術などが現実的になれば、そのような機能性の高い原材料のコストの低減も可能となる。

②製品ライフの長期化

　同じ製品でも製品ライフを長期化させるような取り組み。原材料の革新に加え、あるいは、仮に原材料の革新に大きな期待が持てなくても、製品ライフを長期化できれば、期間当たり価値×期間の面積としての価値が向上する。

　IoTを活用してバッテリーの遠隔監視・制御を行い、そのノウハウを蓄積・進化させ、それに基づき使用方法を最適化させることでバッテリーの長寿命化が可能となる。また、部分的な交換・修理が可能なモジュール設計により、部分改修によって全体寿命を長期化させることも可能だろう。

③稼働率向上と用途最適化

　同じ製品ライフでも、その間の稼働率を高め、同じ稼働でもより収益を高めるような用途最適化の取り組み。モビリティサービスやエネルギーサービスを含む、車両用途の最適化に加え、バッテリー単位でのリースやシェアリングなどの最適化を図ることが必要となる。

　さらに、使用環境、使用状況、SOC（State Of Charge）、SOH（State Of Health）などのデータのモニタリング・分析により、その時々の状態に応じた最適な用途（車の走行動力用、V2G用、V2H用、V2V用など）を選定・提供することも可能となるだろう。その場合、標準モジュール設計が用途汎用性を高めるうえで重要となる。

④回収と再生

　使用済みバッテリーでも、回収・再生を通じて、他用途で次のライフの価値につなげる取り組み。ここでもIoTの活用が有効となる。BaaS（バッテリー・アズ・ア・サービス）で「蓄電機能」を提供する形態をとることで、品質情報の取得と確実な回収・効率的リバースサプライチェーンマネジメントも可能となる。ここではまた原材料に立ち返り、マテリアル・サイエンス・テクノロジーによるリサイクル性向上も有効となるだろう。

　このようなEVバッテリーのライフタイム・バリューを最大化するというアセットマネジメントサービスは、先に見た「クルマ」単位でのアセットマネジメントの各サービスモデルの形態での提供も試されてくるだろう。

2-5
各種モビリティサービスを支える
テクノロジープラットフォーム

　モビリティサービス事業者向けのサービスを提供し続けていくには、クルマの状態を把握するため、車両データの一部、たとえば燃料残量や電池の充電残量、故障予兆情報などをクルマ自体から収集する必要がある。その役割を果たすのが、「CASE」のコネクテッドのテクノロジープラットフォームである（図10）。EV化した場合は、特にEVバッテリーの状態管理と車両・走行データに基づく充放電制御も重要となるだろう。クルマのソフトウェア系の中心となるセントラルコントロールユニットから、TCU（テレマティクス・コントロール・ユニット）やDCM（データ・コミュニケーション・モジュール）経由の通信を通じてそれらデータを収集・分析し、それに基づき行動計画の最適化を図る。その活用可能性が拡大するにつれコネクテッドの機能範囲も拡大していくだろう。

　また、車両の状況把握だけでなく、クルマ、ドライバー、顧客を状況に応じてマッチングし、サービスを最適化する高度なアルゴリズムも必要だ。この3者のマッチングを最適化するには、どのようなタイプのクルマか、どこにあるクルマか、どこに向かうクルマか、いつまで使えるクルマか、どこに返すべきクルマか、誰が所有しているクルマかなど車両に関する情報とドライバーの空き時間情報、ドライバーの属性情報（顧客からの評価なども含む）、および顧客情報（どこからどこへ行きたいのか、など）をマッチングさせなければならない。

　その他にも、ライドシェアサービスやエネルギーサービスなど、その時々の状況によってどのようなサービスに利用するのが最適かを判断するアルゴリズムや、アセットの収益最大化を図るためのサポートとなり得る付加価値

図10：テクノロジープラットフォームのイメージ

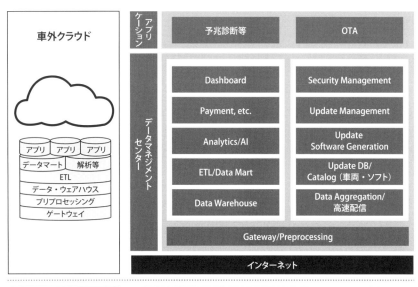

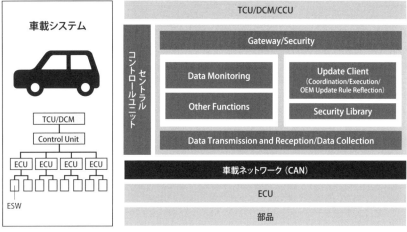

（出所）アクセンチュア

　サービスなどを創出していけるような機能が、クラウド側のテクノロジープラットフォームには求められる。クラウドプラットフォームには、多くの利害関係者がノーストレスで参加できるように、たとえば前述のブロックチェーンなどによる自動処理機能や信頼性担保の仕組みを備えておくことも

有効となろう。

　アプリケーション面では、予兆診断やOTAなどの機能をノーストレスで提供できるようなUX/UIが、ユーザー基盤の拡大や、サービス・プロバイダーの拡大にとってのKSFとなる。さらに今後、自動運転化が進めば、クルマの走行や乗車・運行オペレーションまで、社会システムと連携しながら自動化され、遠隔制御でマッチングさせるような高度なアプリケーションが登場するだろう。まさに前述のCPS（Cyber Physical System）の世界が実現される。それを支える社会システム基盤を備えることで、クルマの社会的アセット効率は向上していくと考えられる。

2-6
モビリティビジネスプラットフォームによる新たなエコシステム

　こうしたテクノロジープラットフォームはモビリティビジネスを提供するために必須だが、それだけでは不十分だ。モビリティサービスは、ユーザー、オーナー、サービス・プロバイダー（ドライバー）など数多くの適正な参加者が集まって強力なエコシステムを形成することで初めて、その価値が発揮できる。

　そのためには、さまざまな通信デバイス、位置情報や地図サービス、レスキューサービス、フリートサービス、保険など他のサービスやデータと連携する必要がある。今後、他のインターネットデバイスと同様、オンデマンドエンターテイメントなどの車内サービス、事故や工事などの交通情報とリアルタイムで瞬時に連携するより高度な先進運転支援システム（Advanced Driver-Assistance Systems：ADAS）、ボイスコントロールやAI、ARなどを活用したヒューマンマシンインターフェイス（Human Machine Interface：HMI）の進化も重要なサービス要素となってくるだろう。

　このような、サービスの進化、ソフトウェア構造の変化、新規参入の増加などによって、モビリティ業界には、旧来の自動車産業の産業構造とは大きく異なる新たなエコシステムが形成されていくはずだ。ただし、このエコシステムを加速的に形成していくには、ユーザー、オーナー、サービス・プロバイダー（ドライバー）、クルマ、インフラそれぞれをデータ連携でうまくつなぎ、分析して、最適マッチングを実現する高度なマルチサイドプラットフォームの構築が必要となる（図11）。

　このマルチサイドプラットフォームが機能することで、全体として各参加

図11：サービスを支えるマルチサイド・マッチング・プラットフォーム

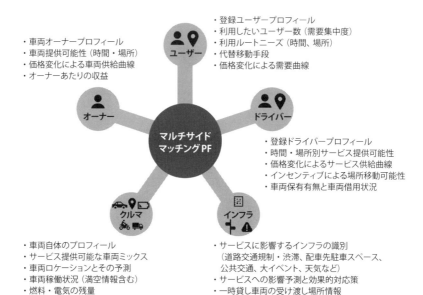

（出所）アクセンチュア

者がレベニューシェアできるだけの原資を生み出せるようになるだろう。これは、マルチサイドプラットフォームのエコシステムへの参加者のポートフォリオが拡充するほど、収益最大化のための選択肢が柔軟になり、アセットマネジメントの価値が高まることを示すものだ。

マルチサイドプラットフォームにおけるビジネスモデルには、アセットマネジメントのタイプによって「アービトラージモデル」「手数料モデル」「バリューチェーン収益モデル」などが考えられる。

●アービトラージモデル

たとえば前述のアセットマネジメントサービスのサービスモデルの中の「運用型」で言えば、運用収益のリスクを取りつつその利ザヤを収益化するもの。車両やバッテリーのリユースであれば、単体としての市場価格とモビリティアセットとしての提供価値の差が収益機会となる。

◉**手数料モデル**

「フリートマネジメント型」や「運用型」のように、モビリティアセット自体は顧客であるサービス事業者が保有していることから、その顧客向けに収益につながるサービスを提供することで手数料を得る方法。

◉**バリューチェーン収益モデル**

アセットマネジメントに伴う各種付帯ビジネスからの収益を得る方法。「アービトラージモデル」「手数料モデル」と併存可能である。メンテナンス、部品、保険、各種ファイナンスなどの提供機会が増えるため、収益機会が拡大する。

こうしてモビリティサービス事業者は、アセットマネジメントサービスを受けることによって、リスクを軽減しながら収益の最大化を図れるチャンスが広がってくる。

第**3**章

CASEによって新たに生まれる事業機会

　CASEは自動車産業において自動車メーカーを頂点としたこれまでのサプライチェーンを大きく変える。クルマは通信によってクラウドとつながり、IoT端末の1つとしての機能も提供。そこには他のさまざまなIoT機器やサービスがフラットにつながり、データを活用した新たなサービスが生まれる。その中で、保険やサービスの課金決済、モビリティマネジメントなど、金融業界もテクノロジーの進化とともに変革を迫られる。
　電動化するクルマのバッテリーは、使い勝手の向上のみならず、幅広い活用可能性を模索する中で、新たなエネルギービジネスの可能性も見えてくるだろう。
　本章では、こうしたクルマからクラウド、電力グリッド、モビリティサービスまで含め、技術的アーキテクチャがビジネスモデルが変化するCASEの世界における事業機会の広がりを「通信」「ハイテク」「金融」「エネルギー」の4つに分けて見ていく。

3-1
【通信業界】CASEが生み出す通信領域の事業機会

IoT化で登場したクルマのコミュニケーション機能「V2X」

　機器に通信機能を持たせてIoT化する「コネクテッド」。車両に通信機能を持たせてクラウドや交通インフラなどといった"車の外側"とつなげた「コネクテッドカー」が注目を集めるようになって久しい。これには通信領域に新しい事業機会を生むものとして、熱い視線が注がれている。

　車両にまつわるコネクテッドは、まとめてV2X（Vehicle to X）と言われている。V2Xは、つなげる対象によってV2N（Vehicle-to-Network）、V2I（Vehicle-to-Infrastructure）、V2V（Vehicle-to-Vehicle）、V2P（Vehicle-to-Pedestrian）と、大きく4つのカテゴリに分けられる。まずはそれぞれのカテゴリについて、基本的な情報を確認しておこう。

● V2N：Vehicle-to-Network

　車両とネットワークの連携のこと。3GやLTEモデムなど、車載の通信装置を用いたネットワークサービスを指す。日本ではあまり一般的ではないが、欧州ではカーナビの地図をクラウドから受信する際などに利用されている。

● V2I：Vehicle-to-Infrastructure

　車両と道路の連携のこと。路側に設置されたインフラ設備と車が通信し、運転を支援する。身近な例で言えば、ETC技術もV2Iの1つだ。他にも、たとえば見通しの悪い右左折での注意喚起や赤信号無視への警告、信号待ち時間の表示といった機能がある。

◉ V2V：Vehicle-to-Vehicle

　車と車の連携のこと。日本語で言う「車車間通信」のことだ。V2Vに対応した車両間で位置や進行方向、速度、ブレーキ操作などの情報を共有し、交通の流れを改善したり、衝突や渋滞を軽減・緩和したりする。たとえば、先行車にあわせた加減速や車間距離調整といった車の動きの制御、緊急走行中の車両位置を表示するなどの機能がある。

◉ V2P：Vehicle-to-Pedestrian

　車両と歩行者の連携のこと。スマートフォンやウェアラブルデバイスを持つ歩行者と車がリアルタイムで通信することによって衝突リスクを回避し、歩行者の安全を守る。歩行者には車の接近を知らせ、運転者には歩行者がいることを知らせる。

加速するモビリティ×通信

　それでは、現在、V2Xはどうなっているのだろうか。詳しく見ていこう。

　4つのカテゴリのうち、最も普及しつつあるのはV2Nである。欧州では、V2N技術を利用したeCall（緊急通報システム）が、2018年4月から販売される新車に搭載することが義務付けられた[3]。eCallとは、事故等の発生時に迅速な救助を実現するためのサービスのことである。交通事故等でエアバッグが作動したり、緊急通報ボタンが押されると、GPSによって位置情報と車両情報が発信されるようになっている。通報を受け取った緊急通報センターが通話機器で乗員と通話し、必要に応じて救急車両が事故現場に駆け付けてくれるというわけだ。

　eCallの搭載義務化を受け、ボッシュはメーカーや車種を問わず利用できる「eCallプラグ」を開発した。これは、加速度センサーと組み込みアルゴリズムを搭載した専用アダプタをシガーソケットに差し込み、スマートフォンとBluetoothで連携させるだけでeCallを実装できるという製品である。事故等発生時に緊急通報するだけでなく、運転行動データや衝撃レベルが分析さ

3　欧州でeCall（自動緊急通報システム）の装備が義務化：ボッシュ
　（https://iotnews.jp/archives/90657）

れ、それに応じた措置がとられる[4]。日本では、2018年2〜4月に福岡市にて、この「eCallプラグ」を利用したテレマティクスの実証実験が行われた[5]。

V2Iは各国での推進スタンスが明確でなく、進展具合にばらつきがある。受益者と支出者の関係が遠く、なかなか議論が具体化していかない状況だ。たとえば、日本ではETCなどに周波数帯5.8GHzのDSRC（Dedicated Short Range Communication）を用いている。現在推進されているETC2.0（ITSスポットサービス）では、これまでの高速道路利用料収受だけでなく、渋滞回避や安全運転支援、街中での駐車場料金支払い、車両の入庫管理といった多目的利用を目指している。これについて、トヨタ自動車は国内で車車間・路車間通信に向けて760MHz帯域を使った「ITS Connect」を搭載するとアナウンスしている[6]。一方で、米半導体大手Qualcomm（クアルコム）、日産自動車、NTTドコモら6社は、「セルラーV2X」と呼ぶ新たなセルラー式技術規格の実証実験を進めている[7]。

アメリカでは、周波数帯5.9GHzのDSRCを使っていくことが国レベルで決定している。ただし、実際の執行は州で実施しているため、ガバナンスが取りづらい状況だ。欧州は、ITS-G5と呼ばれる周波数帯5.9GHzのDSRCを使う方向で議論が進んでいる。中国では、LTE等を活用したセルラー型の取り組み（C-VZX）を推進しており、日本や欧米とは異なる独自路線に踏み出した。通信と自動車業界の業界間団体である5G Automotive Association（5GAA）は「セルラー式はDSRCに対して優れている」と主張し、状況は混沌としている。

各自動車メーカー間の連携が必要となるV2Vは、各社の思惑や開発投資の負担などの整理も必要となるため、現状では具体化していない。だが、各社が独自の企画を進めるケースは存在する。たとえばAudi（アウディ）は、自

4　ボッシュが後付け緊急通報装置を開発、欧州の義務化に対応…コネクトカーが救命システムの役割（https://response.jp/article/2018/04/02/308033.html）
5　ボッシュ、後付けeCall用デバイスを使い、福岡市のテレマティクス実証実験に参加
　（https://www.nikkan.co.jp/releases/view/20350）
6　760MHz帯の車車間・路車間通信が始まる、トヨタが新型車への搭載を発表
　（http://monoist.atmarkit.co.jp/mn/articles/1510/01/news046.html）
7　日産、ドコモなど6社「つながる車」の実証実験
　（https://www.nikkei.com/article/DGXMZO25585600R10C18A1TI1000/）

動車に制限速度や交通状況、凍結箇所などを警告したり、短い車間距離での自動追従運転といった機能を開発したりしている。トヨタ自動車は、他の車両と近距離無線通信技術で交信し、衝突事故を回避する効果が期待できる車両を2021年にアメリカで発売すると発表した。

V2PにはGeneral Motors（ゼネラルモーターズ）などが取り組んでいるが、V2V同様、全体としての具体化は進んでいない。日本ではホンダが2013年に、歩行者と運転手に両者の存在を警告することで事故を回避するシステムの開発を発表している。障害物の陰から歩行者が出てきたときにダッシュボードが点滅して、運転者に歩行者の接近を伝えるというものだ。同時に、歩行者のスマートフォンにも警告を届けるようになっているが、その後、実証実験などは発表されていない[8]。

つまり、V2Nを除いては、いまだ方針が具体化していないのである。そこで、ここでは現在最も普及しつつあるV2Nを中心に議論を進めることにする。

コネクテッドカーは2025年頃から大きく普及し始める

コネクテッドカーの販売台数は、2014年をベースに比較すると、2020年に倍増、以降は2030年頃まで急激に増えていき、2035年頃には販売台数ベースで1億台を突破すると予想されている。車両の付加価値向上が至上命題である先進国が優先されるため、新興国では2025年頃までは微増だが、2025年以降は漸増していくと思われる。

コネクテッドカーは、モバイル端末機器を利用して次世代車載情報通信システム（In-Vehicle Infotainment system：IVIシステム）と連携する「モバイル連携型（テザリング型）」と、通信モジュールを標準搭載した「組み込み型（エンベデッド型）」に大別される。現状ではそれぞれが同程度の普及ではあるものの、今後、組み込み型が拡大していくと見込まれる（図12）。

モバイル連携型では、IT大手のApple（アップル）の「Car Play」とグー

8　スマホで警告する、交通事故防止システム：ホンダが開発
　（https://wired.jp/2013/09/05/honda-pedestrian/）

図12：コネクテッドカー（乗用車）販売台数予測

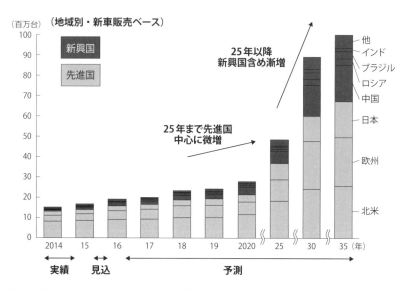

（出所）富士経済「コネクテッドカー関連市場の現状とテレマティクス戦略 2017」を基にアクセンチュアにて国を先進国、新興国に分類し作成

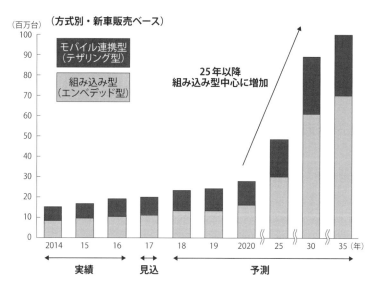

（出所）富士経済「コネクテッドカー関連市場の現状とテレマティクス戦略 2017」を基にEV/PHV型、完全自動運転型もエンベデッド型に組み入れて算出

グルの「Android Auto」が有名だ。車両にスマホを接続するだけで、ディスプレイやスピーカーなどの車載インフォテイメントを使って、マップや通話、音楽再生などのスマホアプリを利用できる。もちろん、自動車メーカーがそこに独自サービスを連携させることも可能だ。また、ホンダのインターナビのように、自動車メーカー独自の通信機器を後付するタイプも存在する。

日本でエンベデッド型コネクテッドカーの走りとなったのは、2000年からレクサスに搭載されているG-Linkだ。通信モジュールのイニシャルコストやキャリアとの通信料がユーザーの負担となることから、これまでは高級車への搭載にとどまってきた。しかし、昨今のV2Xの発展を受けて、トヨタ自動車は2020年までに、北米と日本で全車種に車載通信機械を標準搭載する予定でいる。日産自動車も、2022年までに全車種をコネクテッド化すると発表している。

コネクテッドを前提として広がるモビリティサービスの数々

いまモビリティ領域では、コネクテッドを前提としたさまざまなモビリティサービスが始まろうとしている。それら新たなコネクテッドカー関連モビリティサービスには、以下のようなものが考えられる。

◉オートローン
　遠隔操作による車両停止機能を車両に追加し、ユーザーがローンの返済期限を守らなかった場合に車両を停止することで支払いを促すサービス。低所得者層のニーズを取り込み、特に新興国で伸びている。日本のGlobal Mobility Service、アメリカのspireon等が提供している。
◉フリートマネジメント
　車両から取得した走行データや整備データを解析し、修理保全計画や位置管理、安全運転指導などの管理ソリューションを一括で提供する。
◉エネルギーマネジメント
　電気代の安い時間帯に電気自動車の蓄電池に電気を溜めておき、電気代の高い時間にその電気を家庭で使うことで、電気代を削減する。

● 予防保全
　車両をリアルタイムでモニタリングすることで、故障が発生する前に異常を検知し、必要なメンテナンスを提案する。

● テレマティクス自動車保険
　車両から取得した情報（走行距離、エアバッグの作動状況、ABSブレーキ起動回数、ガソリン利用料等）を用いて運転特性を評価し、それに応じた保険料を設定する。その派生商品として、急加速・急停止をカウントし、優しい運転をした人に保険料をキャッシュバックする「コネクテッド」保険がある。世界最大のコネクテッド保険会社は、イタリアのOcto Telematicsだ。日本ではソニー損保、トヨタ自動車とあいおいニッセイ同和損保が、急加速・急停止・速度の情報から保険料を割り引く自動車保険を提供する。

● 盗難防止
　新興国では、車両の盗難防止策としてGPSトラッカーが効果的と認知されており、ブラジル、インド、インドネシアなどではセルラー通信型GPSトラッカーが利用されている。また、ブラジルには車両盗難のみの保険もあり、加入にはGPSトラッカー設置が必須となっている。

● 緊急連絡
　事故にあった際に、自動的に位置情報などを通報することで、迅速な事故対応を可能にする。

● 安全運転診断
　運転データ（加減速、ブレーキ、道路標識を無視していないかなど）に基づき、安全に運転するための助言を行う。

● 車内決済サービス
　有料道路のETCに加え、駐車場やドライブスルーでの自動料金決済サービスを提供する。ゆくゆくは、車内で購入するさまざまなサービス課金にも使われていく予定。

● エンターテイメント
　車内向けに音楽やニュース、動画、ゲームなどのコンテンツを配信することで、移動時間を充実させる。

● リアルタイムナビ
　地図をリアルタイムで更新するとともに、ユーザーの行動パターンから行

き先と走行ルートを予測し、ルート上の規制・渋滞情報を案内する。

その他にも、車両の位置検索、ライドシェアやカーシェア、スマートキー、コンシェルジュサービス、ロードアシスタント、運転手の体調管理、車内広告などのサービスが考えられている。また、以下のような自動車メーカー向けのサービスも考えられている。

● **データ売買**

コネクテッドカーのサービス開発に向けたユーザーのサービス利用状況、地図データ、事故・渋滞情報等の売買。マーケティング業者とは移動ルートデータが売買できる。

● **自社設計へのフィードバック**

車両の状態をモニタリングし、故障の発生しやすい箇所や部品を明らかにして設計を改善する。

ただし、コネクテッドカー関連モビリティサービスのマネタイズは相当難しいと見られている。これは、現時点でマネタイズできているコネクテッドカー関連モビリティサービスが、後付け機器を利用した新興国でのオートローン、オートリース、コネクテッド保険、盗難防止、フリートマネジメントなど少数にとどまっているためである。

そして、マネタイズが難しいのは、代替手段が存在するなどでユーザーにとって対価を払うほどの価値がないからだ。エンターテイメントで言えば、すでにスマホで音楽や動画が楽しめ、通話もできる。そのため、ユーザーからしてみると、わざわざ通信料を負担してまでそのサービスを利用するほどのメリットを感じないのである。

コネクテッドによって広がるモビリティサービス

現状ではマネタイズが厳しくとも、コネクテッドカー関連モビリティサービスは今後どんどん広がっていくだろう。車両のバリューチェーンのスマイルカーブの右端を、自動車メーカーをはじめ、さまざまなプレイヤーが取り込みにくるからだ。

現在、車両のバリューチェーンは、企画から始まり、製造、販売で終了す

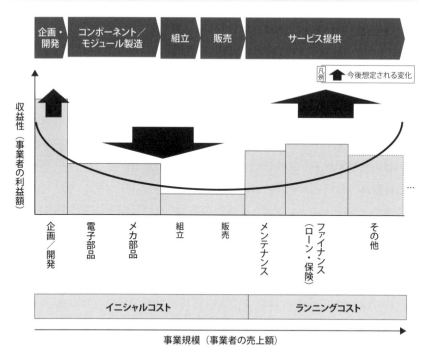

図13：自動車業界のプロフィットプールの現状と変化イメージ

(出所) 各種報道資料、IR、エキスパートインタビュー、アクセンチュア

る売り切りモデルである（ユーザーから見るとイニシャルコスト）。このバリューチェーンにおいて顧客がお金を出すのは、車両を購入する際の一回のみ。しかし、コネクテッドカーではメンテナンス、ファイナンス（ローン・保険）など、ライフタイムの収益をより大きく狙える（ユーザーから見るとランニングコスト）。今後、このサービス面が成長していけば、自動車業界の市場規模はグローバルにもっと拡大するだろう（図13）。

　自動運転やUX（ユーザーエクスペリエンス）などといった具体的なユースケースでも、コネクテッドは必須だ。自動運転で言えば、周辺状況のリアルタイム更新や位置特定、安全対策のためにシステム側から緊急指示等をするには常時のネットワーク接続が必要となる。常時接続までは不要だが、自動運転のソフトウェア更新やルート最適化のための交通情報の取得、車両の

状態のモニタリングにもネットワーク接続は使用する。

UXでは、最新情報に基づくナビゲーション、ニュースや動画の配信、車内決済、移動ルート上にある店舗の割引クーポンの提案、オペレーターによるロードサービス提供などに必要となる。

EV×MaaS（Mobility as a Service）では、各車両の電池残量と位置情報を踏まえてオペレーションを効率化することが重要となる。そのためには、コネクテッドは必須と言ってもいい。また、コネクテッドカーならば、車両に不具合が発生してもすぐに把握できる。保守・メンテナンスという面からも、コネクテッドは重要となる。

EV×エネルギーマネジメントでも、コネクテッドが前提となっている。それは、電気自動車のバッテリー電池を利用した電力利用の効率化に、電力事業者が大きな期待を寄せているからである。具体的には、V1G（Smart Charging）と呼ばれる系統の電力需給の状況に応じたEV充電速度の調整、これに系統へ電力を戻す機能を付加したV2Gにより、電力系統が安定すると期待しているからだ。このためには、車両にネットワーク接続が必要となる。

コネクテッド領域における5つのビジネスレイヤー

コネクテッド領域でのビジネスレイヤーは、機能によって「サービス」「サービスプラットフォーム」「クラウド」「通信」「TCU（テレマティクス・コントロール・ユニット）」の5つに大きく分けることができる（図14）。

●サービス

コネクテッド化されたことで蓄積される車両情報を使った車両のオーナー・ユーザーやモビリティサービス・プロバイダー向けのサービスのこと。これには、オーナー向けの車両の予防保全、燃費改善、保険、盗難防止、リース業者向けの車両管理サービス、エネルギーマネジメントなどがある。

●サービスプラットフォーム

サービス事業者向けに、サービスを提供するための共通機能をOSのよう

図14：コネクテッド領域におけるビジネスレイヤー

（出所）アクセンチュア

なプラットフォームとして提供すること。これにより、認証、決済、アナリティクスといったサービス構築の効率性や利便性を向上させることができる。

●クラウド

　コネクテッドカーを実現するためのデータ処理をネットワーク側のサーバーで提供する機能のこと。複数の事業者のサービスプラットフォームを統合して自動車メーカーに提供する、システムインテグレーションやアプリ開発整備、自動運転に不可欠なエッジコンピューティングの整備などがある。

●通信

　車両に搭載された通信ユニットとクラウド間をつなげる通信回線を提供すること。3G/LTEが主流だが、5Gの高速・大容量、低遅延、多接続の特徴の活用やスライシングという通信品質をコントロールする優先制御や帯域制御なども自動車固有のユースケースの中で織り込まれていくものと考えられる。

●TCU（テレマティクス・コントロール・ユニット）

　ワイヤレス追跡や、車両との双方向の通信を制御する通信装置のこと。車

両をネットワークに接続するために必要となる。装置内部に、通信チップやセルラー通信用SIMが内包されている。TCU製造業者が自動車メーカーに販売する。

各ビジネスモデルにおける戦略の方向性

ビジネスレイヤーを確認したところで、コネクテッド領域でのそれぞれの立場での戦い方について順に見ていこう。

●サービス

保険、ローン、フリートマネジメントなど、収益化が見込まれるようなサービスほど、各国の規制や商流にあわせた現地オペレーション、チャネル開拓、顧客の囲い込みなどが必要となる。そのため、特定の国や特定のサービスで先んじてビジネスを構築することが重要だ。後から参入してきたプレイヤーや各自動車メーカーにとって一からビジネスを構築する難易度が高まり、構築済みの事業アセットを活用させることもできる。

そうなれば、各自動車メーカーのコネクテッドプラットフォームやTCU、通信がどのような状態になろうとも、その構築済みのサービスは継続的に残り続ける可能性がある。特に、自動車メーカーやティア1、サービス・プロバイダーの注目度が低い新興国で、後付けTCUと特化サービスを組み合わせ、現地オペレーションやチャネル、顧客、データなどを他社に先行して獲得してしまう方法は有望だ。また、下位レイヤーのビジネスを包括・セット・システム売りしていくうえでも、サービスレイヤーを押さえることは重要となる。

●サービスプラットフォームとクラウド

サービスプラットフォームやクラウドの領域は、単独で提供するよりも、サービスとクラウド、車載インフォテイメント、通信などとセットになっているケースが多くなる。ボッシュのスイート、マイクロソフト（Microsoft）のAzure、ファーウェイ（Huawei）のOceanConnectなどがこれに当たる。これは、コネクテッドカー向けのOS的な機能が単体ではデファクト化して

いないからである。そのため、価値を訴求しづらく、何かフックとなる領域とセットで導入されることになる。よって、近接するレイヤーを組み合わせ、事業基盤や差別化要素を磨いていくことが重要だ。

　また、5G時代には、非構造・個人情報等の取り扱いデータのボリュームが爆発的に増加することが予測されている。そのため、エッジの統合制御、セキュリティなどもクリティカルな課題になっていくことから、このような領域への対応も必須となる。

● 通信

　セルラー通信キャリアが中心となるだろう。ただし、5G時代のコネクテッドカーのユースケースを踏まえると、通信とサービス、クラウド、TCUと、これまで以上に密なインテグレーションも必要となると考えられる。

　通信については、システムのキャパシティが重要な問題となる可能性が高い。トヨタ自動車は、2025年頃にコネクテッドカーが全世界で1億台、日本国内だけでも300万台になると試算した。トヨタIT開発センター　システムアーキテクチャ研究部ネットワークグループの大西亮吉氏は、「OpenStack Days Tokyo 2018」で「1台のコネクテッドカーが月に10GBをクラウドに上げると、入ってくるデータの量だけで30PB/月。仮に、書き込み速度が10GB/秒だとすると、単純に記録するだけでも1ヵ月以上かかることになり、ディープラーニングはおろか、データマイニングもできない」と警告する[9]。1PBは約1,000TBであるから、トヨタ自動車の試算が現実になるとしたら、データを分散処理しなければ、とうてい処理し切れない。

　そうなると、TCUメーカーなど隣接するレイヤーのプレイヤーが、携帯キャリアのMVNOのような枠組みを活用して、通信と密な連携を進めるケースも現れるかもしれない。IoTデバイスやサービスプラットフォームを提供しているGEが、MVNOとして通信もインテグレーションした形でサービスを提供している例もある。

9　トヨタが考える「エッジコンピューティング×つながるクルマ」の具体策
　（https://businessnetwork.jp/Default.aspx?TabId=65&artid=6249）

●TCU（テレマティクス・コントロール・ユニット）

　TCUは、現状では地域ごとの通信規格や規制、現地サービスとの連携などの関係で、地域別・国別に提供されているケースが多い。また、今後、5GやeSIMへの対応が発生するため、しばらくは変化への対応として一定の付加価値を発揮できるものと考えられる。

　eSIMとは、クラウドSIMとも言い、内部のデータを遠隔で書き換えることができるSIMのことだ。チップ型で実装しても在庫リスクを負わず、国をまたぐような地域でもローミングではなくプロファイルを切り替えていくような対応が可能になる。

　将来的には、TCUもグローバルで統合されていくものと考えられる。そのため、変化への対応がある程度落ち着けば、コスト勝負の世界に突入する。そうなることを見越して、各ティア1はサービスレイヤーとの統合などを始めていくだろう。また、枯れていく技術領域において、買収等による規模の拡大、付加価値向上を進め、レイヤーマスターとして残存者利益を享受する方法もあり得る。

●日本の携帯キャリアはコネクテッドカーでどう動くか

　前述したように、5G時代には非構造・個人情報等の取り扱いデータのボリュームが爆発的に増加する。そのため、エッジのアーキテクチャやリソース配分は、クラウドとも連携した戦略領域となるかもしれない。したがって、サービスプラットフォームやクラウドに関連するプレイヤーは、コネクテッドカーの今後のユースケースを自動車メーカー／ティア1等と共同で研究し、その知見やデータをより早く蓄積し、それに基づくネットワークのアーキテクチャやリソース配分を検討していく必要がある。

　そこで、日本の携帯キャリアが現在、コネクテッドカー関連でどのように動いているのかを簡単に確認しておこう。

　KDDIは、トヨタ自動車とグローバル通信プラットフォームの構築を推進している。2019年からは、世界中で通信できるeSIMカードをトヨタ自動車に供給する予定だ。

　NTTドコモはNTTグループの一員として、トヨタ自動車と共同でICT基盤の整備を進めている。また、フランスの大手自動車部品メーカーである

ヴァレオグループ（Valeo）とコネクテッドカー向けの協業を行っている。

ソフトバンクはホンダと共同で、車両の高速移動に伴う5G基地局の切り替えについての研究を行っている。また、先進モビリティとの合弁会社SBドライブで自動運転に取り組んでおり、さらに、ウーバー、滴滴出行といった主要なモビリティサービス・プロバイダーへも出資している。

また、自身ではモビリティ領域に参画せず、コネクテッドカーへの回線提供に徹するという戦略も考えられる。たとえば、ボーダフォンはとにかく土管屋としての回線提供に注力し、そこでスケールやマネージドサービス（通信に付帯する管理／サービス）で収益を上げるモデルを目指しているものと考えられる。

今後戦っていくためのビジネスモデルとは

それぞれのレイヤーでの戦略方向性を加味すると、考え得る主要なビジネスモデルは大きく7つに分類できる（図15）。

●サービス特化型

自社のケイパビリティが活きる特定領域に特化したサービスである。コネクテッドオートローンのGlobal Mobility Service、テレマティクス保険のあいおいニッセイ同和損保などが該当する。

●サービスプラットフォーム型／サービスプラットフォーム×クラウド型

サービスプラットフォームとしては、たとえばコンチネンタルのリモート車両プラットフォームがある。サービスプラットフォームとクラウドの組み合わせでは、アマゾンのAWS、マイクロソフトのAzure、Android Automotive、Huawei、Linux系などがある。これらは、本来的にはIVIプラットフォームだが、コネクテッドのサービスプラットフォームの側面も持つことから、ここに包含されると定義できる。

●一括提供型／TCU～サービス型

トヨタ自動車の「モビリティサービス・プラットフォーム（MSPF）」は、モビリティサービスの管理・利用・分析など個別の機能を包括した仕組みだ。これは、同社がモビリティサービス事業者に対して提供している。一

図15：考え得る主要なビジネスモデル

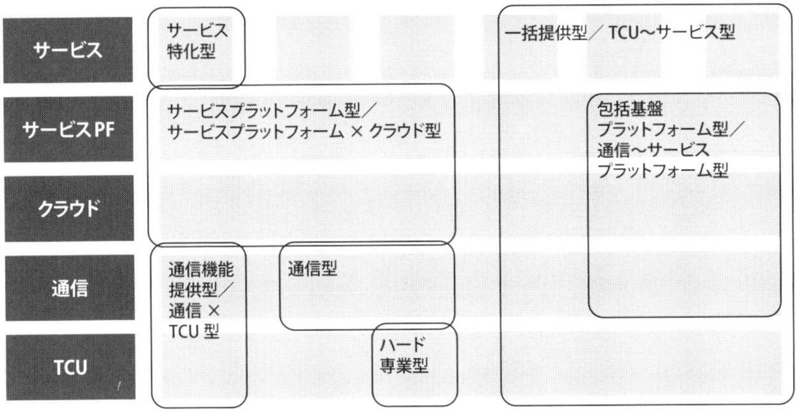

サービス	サービス 特化型		一括提供型／TCU〜サービス型
サービスPF	サービスプラットフォーム型／ サービスプラットフォーム×クラウド型		包括基盤 プラットフォーム型／ 通信〜サービス プラットフォーム型
クラウド			
通信	通信機能 提供型／ 通信× TCU型	通信型	
TCU		ハード 専業型	

（出所）アクセンチュア

方、ボッシュのAutomotive Cloud Suiteやベライゾンのサービスは、通信ユニット、通信プラットフォーム、サービスプラットフォームに加えて自らサービスも拡充し、自動車メーカーの参画しやすい環境を作ると同時に、サービスそのものでの収益化も目指すものだ。

●**包括基盤プラットフォーム型／通信〜サービスプラットフォーム型**

KDDIはトヨタ自動車のMSPFの通信プラットフォーム部分を、トヨタ自動車と共同で企画・設計している。開発・運用はKDDI単独で行っており、国・地域ごとに選定した通信事業者への自動的な接続・切り替えと、通信状態の監視を統合的に管理・監視を行う。

●**通信型**

ボーダフォンは欧州域内の通信ネットワークのカバレージとネットワーク運用能力を活かし、BMW、Volkswagen、Porscheなどと提携してコネクテッドカーの通信を支援している。

●**通信機能提供型／通信×TCU型**

ベライゾンは、GMがバラバラに調達していたTCUと通信を統合し、包括的なサービスを提供するところから始めた。その後、事業領域をすべてのレイヤーに広げようとしている。

●ハード専業型

　大手TCUメーカーは、プラットフォーム化やサービスまで包含したビジネスモデルを構築しつつある。中小メーカーの一部は端末専業化している。規模を確保することができればコスト競争力を強め、残存者利益を確保することも可能だ。

中途半端なトライでなく、特定領域に秀でる戦略を

　モビリティ×通信領域は、今後ますます複雑化、高度化していくだろう。しかも、コネクテッドの発展のために必須となっていく部分も多い。そのため、各社の自社アセットと市場性、競争環境を鑑みて、どの領域まで事業を広げていくのか、逆に何に注力するのかの見極めが重要となる。

　大きな戦い方としては、"規模"を取るか"特化"するかと考えられる。前述のどのビジネスモデルも、規模の経済が効いて、参加者が自然に増えていくネットワーク外部性が働きやすいため、中途半端にトライするのではなく、特定領域でプラットフォームを獲得すべきである。もしくは、特定領域に特化し、それを武器にプラットフォーマーと優位な関係で組むのも1つの手だ。

　パートナーシップも、これまでは自動車メーカー一辺倒だったが、コネクテッドサービスの利用者にもなるモビリティサービス・プロバイダーやエネルギーマネジメント事業者など、他の領域のプラットフォーマーにも可能性がある。いずれにしても、パートナーやエコシステムの形成のあり方を戦略的に構築する必要がある。

3-2

【ハイテク業界】モビリティ領域における ハイテクプレイヤーの台頭

ハイテク×モビリティ領域で活躍する グーグル、エヌビディア、モービルアイ

　ハイテク領域では、新たなテクノロジープレイヤーが台頭し始めている。グーグル、エヌビディア（NVIDIA）といったIT大手や、2017年にインテルが買収した、高度運転支援システムを開発するイスラエルのモービルアイ（Mobileye）の力も見過ごせない。

　特に、グーグルはプラットフォーム領域で勢力を伸ばしている。その結果、これまで自動車産業で収益を上げてきたビジネスモデルが根底から壊されかねない事態に陥っている。

　スマホ機能を車載インフォテイメントの世界に持ち込むグーグルの「Android Auto」は、すでに自動車メーカー各社で採用されている。さらにその先で、自動車の車載インフォテイメントのOSとなる据え付け型プラットフォーム「Android Automotive」をも導入しようとしている。要するに、スマホにおけるAndroidの自動車版である。

　2018年9月、グーグルはルノー・日産・三菱アライアンスと次世代インフォテイメントシステムの技術提携を締結し、同システムを2021年から新型車両に搭載すると発表した。これにより車両がコネクテッド化し、ユーザーとのすべてのインターフェイスがクラウドとつながり、必要なサービスが提供される。表示、コミュニケーション、フィードバックはすべてこのプラットフォームを通っていくことになる。ただし、グーグルがどこまでデータを収集するのかは、自動車メーカーとの契約やユーザーの承諾によって変わっ

図16:グーグルが2014年に特許取得したeクーポンイメージ(US8630897B1)

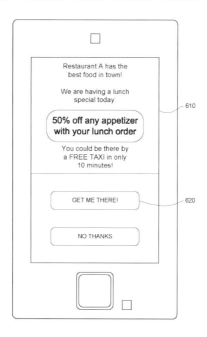

てくるだろう。

　自動運転アルゴリズムプラットフォームについても、現時点で入手可能な情報からは、グーグルがどの自動車メーカーやICTプレイヤーよりも安全で信頼できるテクノロジーを保有していると考えられる。自社で自動運転技術を確立できないメーカーは、このテクノロジーを採用することで、一足飛びに、世界最強の自動運転を実現することができる。

　さらに、グーグルはその自動運転アルゴリズムを使って、ロボタクシーに参入する見込みだ。将来的には、モビリティサービスプラットフォーマーとして、実店舗での購買の引き換えに無料でタクシーを提供するといったことも十分考えられる（図16）。

　エヌビディアもまた、モビリティ領域に事業を拡大している。現在、トヨタ自動車、メルセデスベンツ、アウディ、ボルボ・カー・コーポレーション（Volvo）、テスラ（Tesla）などと業務提携をしている。エヌビディアはもと

もと、ゲームのグラフィックス処理や演算処理を担うGPUを提供してきた半導体メーカーだ。パソコンやスマホに搭載されているCPUが一連の複雑な計算ロジックを処理するのに対し、GPUは小さな計算を同時並行で大量に処理できる。これがAIなどのビッグデータの解析などにも適しており、現在、自動運転で必要となる分析処理でも活用されている。

モービルアイは、単眼カメラで運転支援を行うユニットを開発したイスラエルのベンチャー企業だ。2017年にインテルが153億ドルで買収したことで話題となった。同社はカメラ＋半導体＋アルゴリズムをいち早くシステム化したことで知られる。そのシステムは、日産自動車、BMW、GM、Volvoなど、運転支援システムを搭載した多くのクルマに採用されている。

CASE時代にハイテクプレイヤーが検討すべきこと

業界環境が変化し、さらにCASEが進展していくなかで、ハイテクプレイヤーの取るべき戦い方は、大きな枠組みとして奇をてらう必要はまったくない。おそらくは、技術や事業アセットをレバレッジし、M＆Aや協業を進めていくことになるだろう。

自動車業界のプロフィット（3-1節参照）の状況を踏まえると、既存のプロフィットもしくは変化するプロフィットを何らかの方法で獲得していくことが重要となる。プロフィットを獲得するためには、その領域における課題やニーズ、エコシステムの形成のされ方を踏まえたビジネスを展開していかなければならない。そのためのKSF（成功要件）は次の7つだ（図17）。

①完成度の高い車両システムプラットフォームの提供
②ADAS／自動運転の安全性・信頼性の担保
③キーコンポーネントによる寡占化
④売り切りから利用への対応
⑤圧倒的な顧客基盤の保有（ニーズの把握）
⑥社会インフラとの連携（交通システム・エネルギーマネジメント）
⑦多様なユースケースへの対応

図17：CASE時代にハイテクプレイヤーが検討すべき視点例

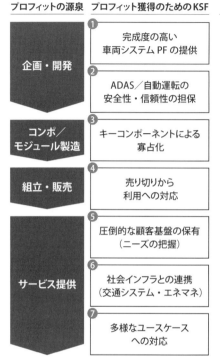

（出所）アクセンチュア

次から、これらについて1つずつ詳しく見ていこう。

①完成度の高い車両システムプラットフォームの提供

　車両の企画・開発領域のプロフィットは、これまで、車両全体を統合的かつ一元的に開発してきた自動車メーカーが一手に獲得していた。各自動車メーカーが長年にわたって培ってきた設計基準と言われる信頼性・安全を担保するルールに則り、個々のコンポーネントの技術を研究し、すり合わせ、システム化し、車両全体を開発してきたからだ。
　しかし、CASEの進展に伴って、研究開発領域は爆発的に拡大してきた。

たとえば、自動運転にまつわるセンシング、分析・判断するアルゴリズム、コネクテッドにおける通信領域との連携や個別サービス開発、EVにおける電池そのものの開発やBMS（バッテリーマネジメントシステム）、モーター、シェアリングにおける需給のマッチング、需要予測などだ。そうなってくると、これまで基本的に車両開発のすべてを担ってきたような自動車メーカーも、あれこれ全部やることは不可能である。

そうなれば、ある程度は研究開発にメリハリをつけざるを得ない。たとえば、スズキとトヨタ自動車のパワートレインやHVシステムの協業、ホンダとGMのEV、自動運転の共同開発、BMWとダイムラーのモビリティサービスの協業などのように、場合によっては他の自動車メーカーと共同開発するか、あるいはティア1と言われるサプライヤーにその研究開発を一部丸投げするしかない。そうなると、その領域はプラットフォーム化・システム化され、ブロックのように切り出されて、車両に組み込まれることになる。

いまや、車の開発を1社でまかなうことはできないというのは当たり前になりつつある。むしろ、複数の企業が手を組むことで実現することも多い。自動車そのものをプラットフォーム化する計画もその1つだ。

EV化が進み、部品点数が大きく減り、すり合わせの重要度が下がっていくと、新興自動車メーカーや車両を大量に扱うモビリティサービス・プロバイダーの「車両の外形や使い方を自社固有のものにしたい」というニーズが高まってくる。それに対応するため、新興電気自動車メーカーのなかでも中国系の北米Faraday futureや日本のGLMなどが、EV車両のプラットフォーム販売を計画している。

各社の計画のうち、現在最も体系的かつ先進的な構想として、トヨタ自動車の「e-Palette Concept」が挙げられる。車両の大きさ（長さ）、パワートレインがカスタマイズでき、そのうえMSPFというプラットフォーム、コネクテッドサービスにまつわる基本機能（トヨタ自動車スマートセンター）を包含した仕組みを提供する。自動運転のアルゴリズムの外部連携や各種モビリティサービス、コネクテッドサービスとの連携は、サービス・プロバイダーである利用者側が自在にカスタマイズできる。

システムの組み合わせを工夫して、進化・価値を提供していく

　では、既存のハイテクプレイヤーには、どのような戦略が考えられるだろうか。自動車は、単純に隣接するシステムを統合すれば売れるというものではない。自動車メーカーはコストに敏感で妥当なコスト評価ができないことや、テクノロジーがブラックボックスになることも避けたがる。また、重要な要素が外部化されると、全体としての信頼性の担保が難しくなるので、これも避けたいと考えている。過去にも、技術的難易度が高い先進的な領域はシステム調達して、技術が枯れてきたら個別発注となるようなケースは山のようにあった。

　つまり、単純なシステム化では継続的に自動車メーカーを満足させることはできない。性能やコストが大きく改善・進化し続け、少しずつ変化させながら、性能、信頼性、コスト、デリバリー等の最もよい組み合わせを作り込むことができる、あるいは性能が $1+1=3$、コストが $1+1=1$ になるような、システム化による圧倒的な価値が提供できるなどの要素を含んでいなければならない。

　実際のハイテクプレイヤーの動きを見てみよう。たとえばパナソニックは、小型車向けのEVプラットフォームに取り組んでいる。電池を核に、モーター、インバーターまでを統合したIPU（Integrated Power Unit）を開発。これを車載器製造の強み・梃として、超小型EV向けのパワートレインプラットフォームを開発した。しかもパナソニックは、世界最大の自動車用電池メーカーでもある。バッテリーをどう使うと効率的なのか、安全なのかを熟知している。それらをすり合わせて、個別調達する以上の価値を提供しようとしているのだ。

　世界最大手のガラスメーカーAGCは、スウェーデンの通信大手エリクソン（Ericsson）、NTTドコモと組んで、5G向けのガラスアンテナの実証実験を成功させた。実はAGCには、自動車のリアやフロントガラスに銀などの回路をプリントした「ガラスアンテナ」の研究開発を約40年も続けてきた実績がある。

　いま、次世代車の進歩にあたり、車同士の通信や交通インフラとの通信向

けアンテナについて、電波の干渉が出ない回路設計、安定した受信感度が求められており、この技術や課題解決力の価値が高まっている。この潮流はAGCに有利に働くだろう。実際、ダイムラーのメルセデスベンツEクラスでも、AGCのガラスアンテナが採用されている[10]。

②ADAS／自動運転の安全性・信頼性の担保

ADAS（先進運転支援システム）や自動運転は多くの個人情報を含み、安全性・信頼性を担保する難易度が非常に高い。通信、データの保管、さまざまな領域における冗長化の領域において安全性・信頼性を向上させるソリューションは、大きな価値につながる。

アルゴリズムのセキュリティについて言えば、コネクテッド化された完全自動運転車がハッキングされると、テロに使われるリスクがある。加えて、車両クラウド間の通信や保管される秘匿性の高いデータの取り扱いも問題になるだろう。

通信については、5Gが提供され、場所によっては莫大なデータをクラウドに送信するようになると、エッジコンピューティング（システム全体を高速化するために、端末／端末近くのサーバーに処理を分散させる技法）でどこまで個人情報を消すサニタイズ加工をして、どのようにクラウドや他の車両にデータを送信していくかなども課題になるだろう。しかも、信頼性という観点から、重要なデータや制御に関するセンサーやデータ、アルゴリズム、通信の冗長化は、二重、三重に担保する必要もある。

ADASや自動運転を支える領域については、セキュリティ、データ管理、システムの冗長化などの組み合わせを、自動車メーカーやメガティア1が試行錯誤していくことになる。そうなると、どこかのサプライヤー一社がすべてのテクノロジーを総取りするというよりも、自動車メーカーやメガティア1ごとのポリシーや戦略によって、採用技術はまだら模様になっていくということも考えられそうだ。

◆───────────────
10 旭硝子、車の"波革命"に乗れるか
　　(https://business.nikkeibp.co.jp/atcl/report/15/278209/110700080/?P=1&prvArw)

また、システム全体で性能を作り込んでいく必要があるため、協業関係が形成されていく可能性が高い。自社がどの領域で、どのような価値を、どのような陣営と組んでいくのかは、技術の磨き込みと並行して考えられなければならない。

③キーコンポーネントによる寡占化

　今後、CASEの進展に伴って技術が進化していくようなコンポーネントを押さえることができれば、継続的にプロフィットを確保できるようになるだろう。CASEの進展により技術進化していくと考えられるコンポーネントには、たとえば以下のようなものがある。

・ADAS／自動運転関連：センサー、半導体
・EV関連：電池、モーター、パワー半導体
・通信関連：通信モジュール

　これらに関連して、すでに寡占状態を作ることに成功している例もある。たとえば、ソニーは放送用ビデオカメラなどでセンサー性能を磨き、スマホカメラモジュールで圧倒的なシェアを誇る。現在ではその技術を車載に転用し、トヨタ自動車や日産自動車などの自動車メーカーにセンサーを供給しはじめた。トヨタ自動車によると、これまで日中しか対応できなかったところ、ソニーのセンサーを使うことで、夜間にも対応できるようになったという。
　LiDAR（Light Detection and Ranging、Laser Imaging Detection and Ranging）と言われる光を用いたリモートセンシングセンサーについては、グーグルなどにも採用されている米ベロダイン（Velodyne）が有名である。また、これまでの分解能や測定距離を大きく改善したLiDAR製品を作っているLuminarというスタートアップも注目されている。そのLuminarのLiDARは、トヨタ自動車の実験用車両に採用された。
　このように、テクノロジーで寡占化していくようなビジネスモデルは、単にテクノロジーが優れているというだけで成立させることは難しい。なぜなら、すぐに模倣され、大手や競合が追いついてくるからだ。これについて

は、知的財産権（特許）で周辺領域までの技術を守り、相手が避けようとするとコストがかかる、または性能が出づらいような状況を作っていくのが定石だ。また、次のような施策によって、競合に追従されにくい状況を作っていく方法もある。

①特定のクルマが想像以上に売れたり売れなかったりといった顧客需要の変動に対応するために、さまざまな顧客ネットワークや過去実績、周辺情報の将来予測から、需要予測の精度を上げる
②変動する生産量に対応するために、大型特殊設備を増やすのではなく、小回りのきく汎用設備でさまざまな製品ポートフォリオへ対応できるようにする。また、外部生産の受託や逆に委託できるような関係を作っておく
③技術をIP化し、競合にもIPを販売することで、実質的な寡占化を目指す
④経営状況の厳しい競合や技術的に優れた競合を買収・ロールアップすることで顧客接点を拡大し、規模をきかせて効率化を進め、技術的シナジーを効かせる

さらには、今後枯れていくコンポーネントに逆張りして、残存者利益を獲得していくという手法もある。たとえば、EV化でなくなっていくエンジン関連部品やパワートレイン、排気系部品、軽量素材の出現によって減っていくスチール系の車体部材、スマホや車載インフォテイメントシステムに内包されていくカーナビなどは、いずれ利益が出にくくなる。そうなれば、各社とも投資しにくい状況となり、場合によっては早めに売却していくことも検討すべきかもしれない。とはいえ、たとえばEVが向こう10年で、世界中に完全に普及するということも考えにくい。そこで、このような事業をロールアップ・効率化し、残存者利益を確固たるものにするのも1つの方法だ。

たとえば、アメリカのディーゼルエンジンメーカーのカミンズ（Cummins）はディーゼルエンジンに特化し、周辺技術を買収することでシェアを拡大し続け、2007年時点で130億ドル程度だった売上を、2017年には200億ドルに増加させた。同様に、営業利益率は8.9％から11.6％に改善した。

④売り切りから利用への対応

　前章で示したように、今後は、車両の保有形態の変化が大きなポイントとなる。つまり、車両そのもののアセットを管理していくようなプレイヤーが台頭してくるだろう。

　一方で、特定コンポーネントに対するアセット保有型ビジネスも考えられる。航空用エンジンにおけるGEがそうだ。GEは、航空機に占める大きなコストと多大なメンテナンスを必要とする航空用エンジンを製造している。これまで、GEは航空用エンジンを販売／リースし、その後のメンテナンスも引き受けるような方法で、ビジネスを展開してきた。近年はそれをさらに進化させて、GEのファイナンス子会社がエンジンアセットを保有し、エンジンの稼働量に応じて課金して、エンジンの機能を航空会社に提供するというモデルを構築した。ちょっとした差に思えるかもしれないが、モノ売りが成果売りへと大きく変化したのである。これはミシュラン（Michelin）のタイヤas a Serviceモデルとも共通点がある。稼働量で課金しているため、そのメンテナンス含むオペレーションの最適化はメーカー側（アセット保有者）がコントロールする。対外的にはブラックボックス化され、その中で、IoTによってエンジンやタイヤの使用状況や摩耗状況を蓄積・分析し、過剰な対応を止め、予防保守含む徹底的な効率化を進めることができる。顧客価値も高めながら、収益性も高めることができるのである。

　また、特にモビリティサービス・プロバイダーによる利用が高まると、これまで10年もしくは10万キロと言われていたクルマの使われ方も大きく変わる。グーグルの試算によれば、車両の稼働率は5％から70％へ、年間走行距離は年13,500マイル（2万キロ）から10〜15万マイル（〜24万キロ）へ増加すると言われている。

　そうなれば、これまでの部材や内装、すべてのコンポーネントの要件が大きく変化していくだろう。単純に3年使って走行距離75万キロとなるため、バッファをもって100万キロ近い利用に耐え得るコンポーネントを作っていくか、頻繁な交換・メンテナンスをしやすくすることで長い距離を耐えるようにしていかなければならない。

また、これまで10年利用することを前提としていた時間的な耐久性は劣後され、3年持てばよい、という部材も出てくるかもしれない。そうなると、進化の激しいハイテク領域で、PCのようなライフサイクルの早い製品と同じような戦い方になっていくことも考えられる。

⑤圧倒的な顧客基盤の保有（ニーズの把握）

　モビリティサービスの普及により、顧客接点は自動車メーカーからサービス・プロバイダーへ大きく移動する。そして、顧客接点を持つプレイヤーがより強くなっていくことになるだろう。プロフィットを獲得していくメカニズムはそれぞれ関連しあうものの、大別すると次の3つに分類できる。

① GMV（Gross Merchandise Value：総流通総額）と言われる取引総量を増やす。これに成功すれば、ネットワーク外部性によって、プラットフォームはより強くなっていく。たとえば、メルカリ以前のヤフーオークションのように、ユーザーが増えると出展者が増え、出展者が増えるとユーザーが増えるというサイクルが回り、特定の1社が市場をほぼ席巻できるようなメカニズムが働く。このメカニズムによって、特定のサービス・プロバイダーがどんどん強くなっていき、強くなれば、利便性を武器に価格の主導権を握ることができる。

② 顧客基盤にさまざまなサービスを投下し、新たな収益源となるエコシステムを形成する。たとえば、楽天は楽天市場の顧客基盤を活用して、クレジットカードや楽天モバイルなど手広くサービスを拡大した。モビリティにおいても、広告や車内販売、車内エンターテイメントやオフィスツールの提供などが考えられる。車内販売では、すでに米Cargo（カーゴ）というスタートアップが立ち上がっており、ウーバーが提携している。

③ モビリティサービス・プロバイダーが顧客基盤を構築できると、自動車メーカーに対する購買力が圧倒的に高まる。そうなれば、自動車メーカーにサービス・プロバイダー固有の要件を要求する、ドライバーに紹介する、アセットプレイヤーに保有してもらうなども含め、大量購入す

る代わりに大幅なディスカウントを引き出すことも可能となるだろう。

　当然のことだが、まずは顧客基盤を獲得することが重要だ。モビリティサービスは、地域別にプレイヤーの勝敗がついていく傾向が強い。これは、モビリティサービスがローカルの文化や習慣に根ざしており、ローカルの商流のなかでビジネスを形成しているからだ。単純なマッチングと考えられていたが、いまでは地域ごとに勝敗が明確になってきた。

　裏返せば、特定の地域での顧客基盤を形成できるようなビジネスを作ることができれば、プロフィットを確保できる可能性が高まるということでもある。コネクテッド化が進み、モビリティサービスが拡大していく世界では、ハイテク要素の強いケイパビリティを活かしてオペレーションを含むコネクテッドサービスを立ち上げ、他社との差別化を図り、取って代わられないようにすることが肝要なのである。

　また、モビリティサービス側のプラットフォームを立ち上げることも考えられる。これには、ソニーとタクシー7社とで立ち上げた"みんなのタクシー"等が該当する。

⑥社会インフラとの連携
（交通システム・エネルギーマネジメント）

　今後、クルマは社会インフラとより強く連携していくだろう。詳しくは他の章で説明するとして、ここでも簡単に説明しておきたい。

　交通システムとの連携では、たとえば中国のライドシェアプレイヤーである滴滴出行が、車両の移動データや予測データに基づいて信号をコントロールすることで、渋滞を減らすなどの取り組みを進めている。アルファベットもまた、Sidewalk Lab（サイドウォークラボ）という子会社を通じて、カナダのトロント市の再開発を進めている。

　トロントのケースでは、需要が高い経路・手段で移動すると、それに応じた課金がされるとか、需要に応じて道路をLEDで色分けし、歩行者用・自転車用・自動車用というように道路を利用する対象を動的に変化させる、といった意欲的な交通マネジメントを計画している。

車両データを活用して、社会セキュリティを担保することも考えられる。車両のADAS／自動運転で必要となるセンサーを活用すれば、町中に監視カメラをつけるよりも、動的かつ数多くの映像を集めることができるからである。

エネルギーマネジメントでは、V1G/V2Gといった系統（グリッド）との連携や、HEMS（ホーム・エネルギー・マネジメント）、BEMS（ビルのエネルギーマネジメント）、CEMS（コミュニティーのエネルギーマネジメント）が拡大していくと見られる。エネルギーマネジメントのための充電器関連のソリューションや、EV、蓄電池、自然エネルギーまでを含めてアグリゲーションして、それらの系統に対するサービスを展開していくことも考えられる。

これらのエコシステムにおける事業化は、多くの場合、難易度が高くなる。これは、価値の受益者とコストの負担者が遠いからだ。データ、価値、お金の流れのなかでの課題やニーズの把握、マネタイズのしやすさ、自社アセットなどから、ビジネスチャンスを模索していくことになる。

⑦多様なユースケースへの対応

CASEが進展していく世界では、クルマの新たな用途や商流が生まれ、クルマとテクノロジーとの融合が加速する。そのため、ユースケースの多様化にあわせたビジネスを構築できれば、大きな価値につながるだろう。そこで、将来のユースケースの多様化について、「ユーザー」「データ」「車両」「サービス・プロバイダー」の切り口から考えていこう。

●ユーザー

言いつくされてきたことではあるが、完全自動運転が進むと、車内空間はよりプライベートで、自由な空間になっていく。たとえば、リビング化、オフィス化、そしてボルボが発表した寝室化なども考えられる。ゆくゆくはクルマのなかで快適に朝食を取ったり、運動をしたりすることもできるかもしれない。

また、移動前後の生活や目的とのシームレスな連携も進むだろう。たとえ

ば買い物に行くときに、クルマのなかでその日の特売を把握したり、商品を選んだり、決済することもできるようになる。

　移動時間に他の有用なことができるようになれば、地方からの通勤者も増えるかもしれない。日本交通の代表取締役会長である川鍋一朗氏も、地方の高速の出入り口付近の土地は値上がりするだろうと予測する。

　これらのようなユーザーサイドのユースケースの変化によって、車内空間の価値を高める家電、オフィスツール、寝具などとの融合も進む。よりプライベートで、より長時間、タクシーのようなモビリティサービスを使うとするならば、車内のにおいや清潔感を維持することが価値に結びつく。そのため、清浄機付きの空調や、自動で簡易的な清掃や殺菌ができるようなデバイスも増える。さらに、通勤のモビリティサービスとセットになった不動産ビジネスも増えていくと考えられる。

● データ

　車載センサーで蓄積されるデータは、データの種類や特性、目的によって、データ通信の通信方式も、エッジやクラウドとの連携も変わってくる。たとえば、見通しの悪い路地における車両や歩行者の危険情報は、遅延もなく完全にリアルタイムで、クラウドや他の車両と連携する必要があるが、交通渋滞や工事情報、車両の異常データの共有は数分レベルで同期すればいい。同様に、道路の変化情報は数時間単位で同期すればいいし、詳細な3Dマップを動的に形成する大量データや車両の予防保守に関する累積データは、夜間や車両が止まってからでも十分である。

● 車両

　これまで車両の使われ方には無駄が多かった。ドライバーが1人で使う場合も、家族5人が乗る場合も、必要な車両は同じ1台であるし、急ぎの時もそうでない時も同じ車両を利用する。しかし、これからクルマはもっと合理的で、用途に特化していくと考えられる。

　たとえば、市中の短距離移動需要は大半が1人によるものだ。そうすると、これまでのような大きさの車両は不要で、もっと小型でパーソナルなクルマで十分である。電気自動車で問題となる航続距離も、街中でしか使わず、需

要に繁閑が多少なりとも発生するならば、小型電池で定期的に充電しながらの走行で十分だ。

一方、長距離や大人数での移動は、電気自動車よりも大型のディーゼル車のほうが向いている。しかし、高速に乗らないならば、自動車メーカー以外でも開発・製造できるかもしれない。また、その車両に使われるデバイスやコンポーネントも、根本的に違うものになるかもしれない。つまり、これまで全方位的に開発されてきた車両が、用途やユースケースにあわせて、最適化・分化していくのである。

● サービス・プロバイダー

サービスを提供する側も多様化していく。ウーバーや滴滴出行のような大手プロバイダーだけではなく、さまざまなプレイヤーが参入する。顧客基盤や物理的な土地に紐付くようなプレイヤーがサービス・プロバイダーをプラットフォームのように活用したり、プラットフォーム化された車両を調達することで、サービスを提供したりすることができるからである。

たとえば、鉄道会社が駅までの通勤のためのバスを代替して、複数人が乗れるロボットバンによるドアツードアサービスを展開するかもしれない。その場合、顧客基盤を持っている鉄道会社が顧客をアグリゲーションして、ウーバーのようなモビリティサービス・プロバイダーの移動サービスを活用していくこともあり得るだろう。

プラットフォームが形成されると、そのプラットフォームを活用するより顧客に近い側が力を持ち、プラットフォーム間をさらに比較するプラットフォームが登場することが多い。ExpediaやHotels.comなどのホテル予約プラットフォームをさらにアグリゲーションして比較する、トリバゴのようなプレイヤーだ。

このように、さまざまな分野でユースケースの変化・多様化が進み、それを捉えたビジネスが形作られていくだろう。

他社と関わりあうことで、新しい価値を生み出していく

ここまで、ハイテクプレイヤーの足元で発生しつつある業界変化や、

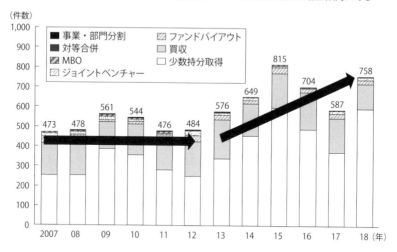

図18:自動車部品メーカーのM&A件数の推移(グローバル)

(注)2018年は1月～12月初旬までにおける統計
(出所)Speeda情報を基にアクセンチュア作成。取引完了日ベース

　CASEの進展によって変化するプロフィットをいかに獲得していくかの考え方、事例などを示してきた。しかし、モビリティにまつわるハイテク領域の動きは流動的であり、これからも変化していくものと考えられ、その変化を織り込んださまざまなシナリオを見通し続ける努力が必要となる。

　考え得るさまざまなシナリオと競争環境、エコシステム、自社アセットを実直に見つめ、流動的で不透明な未来に対して、ポートフォリオ的にビジネス展開していくことが必要となる。また、自社だけで進めるのではなく、強いプレイヤーになりそうな陣営と関わり続けること、キーとなる要素を買収や協業で手の内化していくことも重要だ。

　実際、買収に関して見てみると、自動車部品メーカーのM&Aは、近年増加傾向にある(図18)。M&Aが目的ではないものの、このような非連続かつ大きな変化を自ら起こしていく必要がある。

3-3

【金融業界】金融×モビリティの可能性

　金融の起源は紀元前に遡ると言われている。古代から中世にかけて、世界中で農作物や家畜をきっかけとした物々交換から貨幣取引へと移行、やがて「経済」が芽吹いた。その貨幣取引が世界を支配する16世紀のヨーロッパで、人類は大きな転機を迎えた。

　1571年、ローマにて世界で初めて財産権が確立した。レパント海戦を前に、軍人が安心して財産を家に置いて戦いに出られるよう、ローマ法によって個人の財産所有が明確に認められたのだ。

　個人の財産所有は、現代のリテール金融の起源である。なぜなら、財そのものが個人の所有物となったことで、個人が財産そのものを管理するという概念が生活に根付いたからだ。

　この概念により、財産を管理・移動する「銀行業」、金融財産と非金融財産の交換を簡便化する「決済業」、金融財産の権利を発行・流通する「証券業」、万が一の際の金融財産を保証する「保険業」といった、今日の金融サービスが誕生した。

　個人が財産を守りたい、増やしたいという欲求に応じたサービスこそ、金融機関が担っているものである。今日では当たり前ともいえるこの"財産の所有・管理"という概念は、現代金融の礎ともなる考え方なのである。

　その現代金融の根幹が、モビリティ3.0によって新たなステージに突入する可能性を秘めている。本節では、金融機関として「モビリティ」をどのように捉え、それらがどのようにつながるのか。さらには、その動向を踏まえて、金融機関が今後どのような立ち位置を取るべきかについて論じていく。

モビリティ3.0は損害保険に大きな影響を与える

　モビリティ3.0によって、直接的な影響を受ける金融サービスは保険業だと言われている。特に、損害保険業への影響が大きいとされる。

　それは、「自動運転」が従来の自動車保険を縮小させるからだ。そもそも自動車保険とは、交通事故など自動車を利用することで発生する損害を補償する損害保険のことである。だが、自動運転技術が進歩すれば、事故の発生そのものが大幅に減る。そうなれば、従来の自動車保険そのものの存在意義が下がり、保険料は低下せざるを得ない。

　加えて、保険の対象も変化する。これまでは社会通念上、自動車の事故責任は多くの場合、ドライバーが負うこととされてきた。だが、無人での自動運転が普及すれば、事故の責任は自動運転サービスを提供する側へと移る。そうなれば、個人が加入していた自動車保険は縮小する。その一方で、自動運転サービス事業者や自動車メーカーを対象とした新たな損害保険が登場することになる。

　その場合、解決しなければならない問題が生じる。その1つに、自動運転車両の想定事故率の査定がある。より精緻に想定事故率を見積もるのであれば、結果としての事故数だけでなく、自動運転車両の開発プロセス、機械・システムのプログラム、場合によっては企業の経営活動そのものを評価することになる。

　査定の精緻化は、自動車メーカーや自動運転サービス事業者にとっては、保険料を安くするために、自社の機密情報を損害保険会社に公開するか否かの経営判断を迫るものとなるだろう。保険会社にとっては、その情報を基に想定事故率を査定する基準、ロジックを新たに構築しなければならないことを意味する。

　またアメリカでは、ドライバーの走行距離や特性に応じて保険料を算定する「テレマティクス保険」が急速に普及しているが、これも損害保険市場に大きな影響を与えることになると思われる。なぜなら、テレマティクス保険では、事故を起こすリスクが低いドライバーの保険料は低く設定され、リスクが高いドライバーの保険料は高く設定されるからだ。

上記では損害保険を取り上げたが、これだけを見ても、モビリティ3.0に伴う産業構造の変化が見て取れる。モビリティ3.0の世界で新たな機会を手にするには、リスクの移転・見積もり精緻化の背景に存在する情報開示のインセンティブの付与、そしてアナリティクスの強化が必要となる。

金融"事業"から金融"機能"へ

　決済業でも、ETCカードに次ぐ新たな革新が起こる可能性がある。B2Cの世界では、モノ売りからコト売りへと価値観が変化すると言われている。シェアリング（コト売り）が拡大することで自動車販売そのものの事業機会が縮小し、"移動"や"空間"、場合によっては"旅行"や"ツーリング"といったモビリティ付帯サービスにシフトしていくと予測されている。

　その消費活動において、決済は切っても切れない機能である。しかもコト売り化によって、金銭の移動（＝決済）回数は飛躍的に増加し、かつ対価を支払う範囲・単位はコト売り化に伴い曖昧化することになる。そうなれば、モビリティ関連サービス事業者の多くが高度な決済機能を求めるようになる。ただし、そのときに必要とされる決済機能は、従来のクレジットカードやQR決済などのように決済を主としたソリューションではない。コト売りであっても顧客の購買体験（ニーズ）を損ねない、かつ、複雑なプライシングルールに耐え得る決済機能だ。おそらく、今後はさまざまなタイプの決済機能が登場してくるだろう。

　この流れは、モビリティ関連市場に限ったことではない。既存の決済会社のなかには、コト関連消費の購買体験最適化に特化するプレイヤーも現れるかもしれない。

　ところで、この機会を新たなビジネスチャンスと捉えるには、消費活動の変化に伴うニーズの変化を見極める眼力と、関連事業者とソリューションを作り上げる機動力が決め手となる。つまり、損害保険や決済を例に述べたように、すべての金融機関はモビリティ3.0で顕著に現れる「"金融"事業から"金融"機能へ」と、その生業の意味合いを変える必要性が出てくるかもしれない。これからは"金融としての事業"を磨くのではなく、"金融としての機能"を磨き、どのように顧客に価値を提供するのかを今まで以上に問う

時代に入ろうとしている。

モビリティ×金融の6つの方向性

　一口に金融機関と言っても、「銀行」「証券」「保険」「決済」と各種別におけるモビリティの捉え方は異なる。だが、アメリカの金融大手ゴールドマン・サックス・グループがリテールオンラインバンキングに参入したように、もはや金融サービスに垣根を設けることの意味は失われつつある。そこで今回は、金融機関としてモビリティをどう捉えるべきかという観点から次の6つに分類する。

①移動手段としてのモビリティ：ヒト・モノだけでなく、カネ・情報の移動を連動させることで何が得られるか？
　ヒト・モノを運ぶ移動手段として従来からある捉え方である。今後は、ヒト・モノの移動だけでなく、カネ・情報をも連動させて価値を出すこと、移動手段としての活路を見出すことが重要となる。
　モビリティ保有比率は若年層を中心に年々低下、人口減少やカーシェアサービスの台頭により、国内自動車販売市場は縮小していく傾向にある。さらにCASEが加速することによって、これまでの単なる移動手段としてのモビリティの価値は低下が続くだろう。それに伴い、前述した自動車保険や自動車ローンといった自動車関連金融市場も縮小することが予測されるため、決済機能や分散型情報銀行機能など新たな可能性を掘り起こしていく必要がある。

②共有物としてのモビリティ：シェアリング時代の新しい金融のあり方とそのためのサービスとは何か？
　共有によって新たに創出される捉え方である。モビリティはヒト・モノを運ぶ移動手段でありながら、ヒトとつながることによる価値も生じる。
　近年になってカーシェアリングサービスやライドシェアリングサービスが台頭し、2025年までに世界中の乗用車総移動距離の6％まで拡大すると予測されている。こうした事情を背景に、「保有」から「共有」への移行が促進

される。それにより、必要なときにだけ利用するという新たな市場の創出もそれほど時間がかからず実現するだろう。共有することによって、効率的に移動する以外に、どのような価値が副次的に生じるかを検討する必要がある。

③空間としてのモビリティ：場としての価値があり、金融としてその空間をどう使いこなすか？

デジタル化と共有によって創出される居住・職場空間のような場となる捉え方である。「場」や「空間」としての有効なあり方を模索しはじめることで、コネクテッドカーのようにインターネットでヒトやモノがつながりあう世界になれば、新たな市場が生まれる可能性は高くなる。

④資産としてのモビリティ：投資対象になり得るか？

自動運転と電動化によって創出される新たな捉え方である。現在でも、貨物船や航空機を投資資産として購入する層は少ないながらも存在する。今後は、モビリティ自体が無人で収益を上げる対象となることが予想されることから、不動産同様、より多くの人々がモビリティを「資産」と見るようになるだろう。

⑤センサーとしてのモビリティ：取得する情報が、どう生活・ビジネスを変化させるか？

自動運転と共有によって創出される新たな捉え方である。モビリティは、GPSや交通情報、購買情報などさまざまな情報を取得するためのツールとして活用される。モビリティの周辺に広がるどの情報が、生活・ビジネスにどのような効用を発揮するかという点が重要となる。

⑥デバイスとしてのモビリティ：過度に少量・軽量化が求められないデバイスとしての価値を見出せるか？

モビリティを移動手段としてではなく、個人のデバイスとして活用する捉え方である。現在のスマートフォンをはじめとする個人向けデバイスは、少量・軽量化がトレンドとなっている。カバンに入るサイズからポケットに入

るサイズへ、やがては身につけるウェアラブルに移行が進むだろう。

　だが、このトレンドによる功罪の"罪"も発生している。スマートフォンはあらゆる人々とのコミュニケーションをリアルタイムにし、われわれの生活を快適にしてくれた点で素晴らしいものである。一方で、リアルタイムになることで、人とのつながりを常時意識せざるを得ない。もしかすると近未来では、あえてデバイスを持たない層が増える可能性もある。必要な時、必要な場所だけでつながること、そのような用途においては、むしろモビリティのようなデバイスが価値を発揮するかもしれない。

　セキュリティなども同様だ。PCでは当たり前のセキュリティが、スマートフォンでは手薄になっている。そういったなかで、小型・軽量・常時化の限界こそがモビリティの機会であると考えられる。

　次に、①～⑥の捉え方におけるモビリティ×金融の具体的なサービスを、金融機関の目線で考えていこう。

①移動手段としてのモビリティ

　移動手段としてのモビリティを考える際、「カネ・情報の移動」がもたらす付加価値が重要な観点となる。昨今、注目されているテレマティクス保険は、保険会社が情報を動的に捉えることで新たな付加価値を実現した商品である。

　従来、自動車保険は車両購入時に加入することが多く、加入時の等級はあらかじめ一律に定められている。等級の見直しは1年ごとに行われるため、保険料は1年間変動することがない。一方、テレマティクス保険は、保険会社が契約者のカーナビやスマホ、もしくは専用のデバイスから走行距離や運転行動などの情報をリアルタイムに取得することで、フレキシブルな保険料設定を可能にする。通常、PAYD（Pay As You Drive）型では実走行距離が短いほど、PHYD（Pay How You Drive）型では安全運転であるほど、保険料が安くなる。

　このように、保険料の算定基準を契約者からリアルタイムに発信される情報にすることで、契約者自身が月々の保険料を意識し、コントロールしよう

とする新しい保険の形が実現する。これまでにない情報の移動によって、契約者と保険会社の双方が大きな価値を享受することになる（つまり、保険料という明確な利得を目標に安全意識が高まり、結果として事故も減る）というわけだ。

日常生活のヒト・モノの移動とカネの移動の付随性を考えれば、コネクテッドカーを前提としたモビリティにおける決済サービスは、近い未来において価値を生み出す可能性が高い。事例としては、欧米のファストフードで近年増加している「モバイルオーダー＆ペイ」方式が参考になるだろう。これは、ドライバーがモビリティであらかじめ近場のファストフード店を検索・商品を注文し、到着時間を推定し、支払い方法を選択することで、店に到着した際に待ち時間なく商品を受け取ることができるというサービスである。

ファストフードに限らず、スーパーマーケットで食料品を購入したり、不在時の宅配物をドライブスルー形式で受け取るなど、将来的にモビリティにおける決済サービスの利用シーンは広がっていくだろう。モビリティ自体に決済機能が備わることで、購入から移動、到着・受け取りまで、すべてがシームレスな顧客体験を提供することができる。まさに次世代ETCを想起させるものである。

②共有物としてのモビリティ

共有物としてのモビリティを考える際、シェアリング時代の新しい金融のあり方とそのためのサービスとは何かを考えることが重要である。

決済であれば利用料金支払いの柔軟・簡素化、融資であればC2Cカーシェアリング事業における資金面での総合支援のようなサービスが考えられる。参考になる事例としては、トヨタ自動車とアメリカのスタートアップGetaroundが提供するカーシェアリング向け融資が挙げられる。

本来、車両の購入代金は自動車メーカーに支払うし、カーシェア収入はカーシェアリング事業者から振り込まれるというように、別々の金融サービスを使う。だが、このビジネスモデルでは、トヨタ自動車から購入した車両の支払いを、Getaroundで得たカーシェアリングサービス収入から差し引く

ことで一元化した。Getaroundのプラットフォームのテクノロジーと車両を購入する際のファイナンス部分を連携させることで、ユーザーの利便性を高めているのである。

このように、トヨタ自動車は個人が所有するマイカーではなく、カーシェアリング向けにモビリティと金融機能を販売することで、カーシェアリングサービス市場を拡大させ、大きな金融収益を狙おうとしている。

③空間としてのモビリティ

空間としてのモビリティは完全自動運転を前提にしたもので、「走るリビングルーム」や「走るオフィス」といった新しい空間を提供する可能性を秘めている。これにより、家や職場で享受しているあらゆるサービスが、モビリティという空間でも展開されるようになる。

金融機関としては、モビリティで展開されるサービスを下支えする決済や与信機能（リース含む）を提供していく必要がある。特に、必要なものをすぐに用意できるUI・UXを工夫した車内決済環境の整備、および、その空間に置かれる資産までをも変動費化することによるコト化は金融機関に期待されるところであろう。

また、個人情報の利用には細心の注意が必要だが、決済機能付き車両などであれば、モビリティの利用履歴や行動ログを与信に活用することは十分に可能だ。具体的な事例としては、Visaのコネクテッドカー向けサービスが挙げられる。現在の試作モデルの段階では、先進の決済セキュリティやワイヤレス技術、センサーやBluetoothを搭載し、運転席にいながらにして、ドライバーはダッシュボードに一度触れるだけで簡単に決済ができるという。

支払情報はクルマに組み込まれており、クルマから他のデバイスへの支払いも自在かつ安全に実行される。支払い履歴が蓄積され、ユーザーの好みが反映されるにつれて、利便性も向上していくだろう。

④資産としてのモビリティ

資産としてのモビリティは、不動産のようにモビリティ本体がキャッシュ

フローを生む投資対象となり得るかが重要な観点となる。モビリティに集まる情報を活用し、不動産実物投資やREIT（Real Estate Investment Trust：不動産投資信託）、ABS（Asset Backed Security：資産担保証券）のように、モビリティ投資として金融商品を開発することが考えられる。

　ここでは、3つの具体例を挙げる。1つ目は、クラシックカーのようにモビリティ自体が価値を持ち、それ自体に投資するスキームである。すでにドイツの銀行が、投資先としてクラシックカーを推奨しており、自動車メーカーのクラシック部門や査定の専門家が、特別なクルマの経歴や状態を調べて証明書を発行している。自動化を前提とした今後のモビリティは、そのデザインや性能において標準化に向かうだろう。そのなかでも際立つ性能や機能を持つモビリティや、現在私たちが使っている「クルマ」がクラシックカーのような価値を持ち、投資対象となることも考えられる。

　2つ目はモビリティのREIT化だ。REITは、不動産投資法人（REIT）が投資証券を発行し、投資家が証券を購入することで、賃料など不動産が生み出すキャッシュフローや売買で得られた収益を投資家に分配するものである。カーシェアリングサービス収入や情報提供収入など、CASEの進展によってモビリティがキャッシュフローを生み出すことができれば、現在の不動産のように投資対象になり得る。

　3つ目はモビリティアセットファイナンスだ。これは、前述のトヨタ自動車とGetaroundの例で使われているスキームである。企業が保有する資産の信用力を裏付けとし、モビリティから発生するキャッシュフローを返済原資とする資金調達手法だ。現在、船舶で実現されていることから、対象となるモビリティがキャッシュフローを生み出すことができれば投資対象になり得る。

⑤センサーとしてのモビリティ

　センサーとしてのモビリティは、GPSや交通情報、購買情報などセンサーによって収集した情報を金融サービスで活用する方法と、それらが生活やビジネスに与える効用を考えることがポイントとなる。

　金融機関では、収集した情報を与信・査定に活用することができる。具体的に言えば、保険と貸出（ローン）だ。保険では、すでに紹介したテレマ

ティクス保険がわかりやすい。アメリカの保険会社Progressive、State Farm、National General Insuranceは走行距離、速度、時間帯等を記録し、運転行動・振る舞いに応じて保険料を算定している。また、日本の保険会社CIS、イギリスの保険会社Insure the Boxは先のサービスに加えてGPSを活用した位置情報等を収集することで、制限速度超過、危険の多い道路の走行割合などを含めて保険料を算定している。

テレマティクス保険が普及することで、保険会社はリーズナブルなリスクテイクが可能となり、契約者は保険料を節約できる。さらに、社会的には安全運転意識の浸透による事故率の低下といった効用を得ることができるだろう。

西京銀行とGlobal Mobility Serviceも車載型IoTデバイス「MCCS（Mobility-Cloud Connecting System）」による取得情報を活用したマイカーローンを展開しようとしている。「MCCS」は、GPS機能によってクルマの位置情報を特定し、安全にエンジン遠隔起動制御を行うシステムである。仮に返済が滞るようなことがあれば、債務者の車両に搭載された「MCCS」を通じ、エンジンを起動できなくすることができ、ローン返済を促すことができる。

このように、金融機関は契約者の属性情報のみに依存せず、センサーとしてモビリティが集めた情報を判断基準とした新たな与信審査モデルを構築している。与信管理業務が高度化することで融資対象者が広がり、今までローンを組めずに諦めていた人々に移動手段を提供することができるようになる。

⑥デバイスとしてのモビリティ

デバイスとしてのモビリティは、スマートフォンのような個人用モバイル端末を手掛かりに考えていこう。

スマートフォンは、その利便性（携帯性）と引き換えに、セキュリティやコネクティビティの常態化といった問題を抱えている。また、携帯性向上のために小型化せざるを得ず、搭載される演算処理装置などは同時期のPCと比べて性能が劣るという課題を抱える。

だが、モビリティの場合、携帯性を担保するために小型化する必要がない。コネクテッドカーを前提とするならば、モビリティは「大きさ」と「適度なモバイル」が同居できるデバイスと捉えることもできる。

図19:モビリティ3.0時代におけるモビリティの持つ意味と金融サービス

	モビリティの持つ意味	金融サービス(例)
①移動手段としてのモビリティ	・ヒト・モノの移動だけでなく、カネ・情報を移動させて価値を出すこと －移動手段としての活路を見出すことが重要	・テレマティクス保険 －実走行距離や安全運転度合に応じ保険料算定
②共有物としてのモビリティ	・「保有」から「共有」へと価値が移行すること －「共有」により効率的移動手段以外の価値が生じる可能性について検討が必要	・カーシェアリング向け融資 －カーローンをカーシェアリングでの利益で返済するスキーム
③空間としてのモビリティ	・「デジタル化」と「共有」によって、モビリティが居住・職場空間のような場となること －コネクテッドカーによる新市場の可能性	・決済機能付き車両 －モビリティの利用履歴や行動ログを与信に活用することが可能
④資産としてのモビリティ	・モビリティが無人で収益を上げる世界 －不動産同様、投資対象「資産」となる可能性あり	・モビリティ版REIT ・モビリティアセットファイナンス －モビリティの生むキャッシュフローが返済原資
⑤センサーとしてのモビリティ	・自動運転に伴う周辺情報の取得センサー機能とその情報共有機能 －生活・ビジネスでの情報活用検討が必要	・IoT活用マイカーローン －返済が滞った際、位置情報や運転状況を把握し、安全にエンジン遠隔起動制御
⑥デバイスとしてのモビリティ	・個人のデバイスとしての価値 －スマートフォンのようなパーソナル・デバイスでありながら、空間として機能を実現	・ルーターシェアリング －車両搭載のルーターを活用し、仮想通貨のマイニングを支え、キャッシュフローを生む

(出所)アクセンチュア

　そして、デバイスとして「高い性能を実現する余地が大きい」モビリティには、その性能を金融で発揮できる新たなサービス「ルーターシェアリング」が考えられる。「ルーターシェアリング」とは、コネクテッドカーに搭載されたルーターを活用して、ブロックチェーンにおける認証作業、マイニングを行うというものだ。

　仮想通貨の1つであるモグコインは、この分野において先行している。家庭用ルーターを稼働時間外にマイニング作業に充てることで、報酬としてモグコインを受け取れるというビジネスモデルだ。この仕組みを応用すれば、コネクテッドカーに搭載されたルーターを開放することでモグコインのマイニングを支えることができ、かつマイニングの報酬を決済に利用することができるだろう。モビリティを大きな「認証デバイス」と捉えなおすことで、

今までにないビジネスを展開できる可能性を秘めているのである。

　また、モバイルデバイスとして、スマートフォンのビジネスモデルを参考にすることもできる。モビリティを買い切り型ではなく、スマートフォンで主流の継続課金もしくは定額利用料金サービスへ変えていくことも可能だ。

　実際に、スマートドライブが提供しているサービスでは、継続課金でスマートフォンを所有することができる。「毎月定額で新車に乗れる」「車検やメンテナンス費、自賠責保険、各種自動車税も込みの定額料金」「安全運転でポイントやクーポンがもらえる」「コネクテッドカーだから車の情報をすべてスマホで」といったサービスは、発想こそスマートフォンと同じであるが、モビリティが主流となる時代でこそ実現される可能性が高い。

モビリティ×金融の未来

　上述したサービスはいずれも遠い話ではなく、近い未来に実現するであろうものばかりである。ここで注目したいのは、各サービスにおける金融機能の役割である。いずれも、テクノロジーによって取得したモビリティ情報に付加価値をつける、あるいは情報を基に新しい商品・サービスに変化させている点に特徴がある。

　特に重要なことは、顧客に"金融"を意識させないことだ。一般的に消費者は、金融商品・サービスを自ら望んで享受することはほとんどないと言われている。その一方で、われわれの生活に金融が介在しない場面はほぼない。つまり、金融はこれまでもわれわれの生活の土台を支え、目に見えない・意思がない場面で多くの結果を出してきたのである。

　今後、金融は前面に立つ単純な金融サービスからいち早く脱し、金融の表にいるモビリティをはじめとしたさまざまなニーズとコラボレーションすることにより、縁の下の力持ちレベルをより一層向上させていくべきだろう。モビリティ×金融で重要なことは、「目に見えない（無意識の）コラボレーション」と「情報活用による付加価値向上」なのだ。

　これら6つのモビリティの捉え方は、すべての金融機関にとって重要なことだと考えている。そして、それらの捉え方の組み合わせにより、新しい価値が数多く生まれる。

モビリティが起こす３つの潮流

　前項で説明した６つのモビリティの捉え方は、金融機関としてのチャンスを数多く秘めている。そこにどのようなビジネスチャンスがあるのか、またそのチャンスを活かすための要諦はどのようになるのか、これら６つのモビリティの捉え方の連関性を見ていく。例として、本項では決済分野における与信の未来を考えていこう。

　現在の銀行・決済における与信情報は、主に「返済能力」「返済資質」「返済担保」という３つの要素で測られることが多い。これらはすべて、申込者本人からの一人称情報である。そこに、今後は「返済多面評価」が加わることになる。

　「返済多面評価」では、「性格」「生活習慣」「キャリア目標」などが与信に関連するが、一人称情報では評価しにくかった要素を評価する。企業で実施されている360度評価のように"情報の確からしさ"を高めることで、より精度の高い与信が可能となるというわけだ。

　三人称情報を得ることができれば、それだけビジネスの幅も広がる。たとえば、SNSで良友が多いという情報を得たとしたら、その情報を新しい加点として評価することができるだろう。なぜなら、交流先が多い人は優良な借り手となる可能性を秘めているからである。これは、ビジネスに特化したLinkedInやFacebookは、一般の事業会社が得られない情報から信用性を担保できる可能性が高いことを示している。

　要するに、モビリティを１つのデバイス、またはセンサーと捉えることで、そこに発生する情報が多種多様になり、その情報の取得の巧拙とビジネスへの活かし方が重要になってくるという考え方ができるということだ。わかりやすい仮説を挙げるならば、「交通ルールを守るドライバーほど、返済期日を守るといった傾向が出てくる」。

　それでは、それらの情報が金融機関において、どのような潮流となって押し寄せてくるのであろうか。われわれは次の３つの潮流があると考えている。

①サイロ・バンドリングの加速

②ノンヒューマン・トランザクションの進展
③データ・ペネトレーションの進歩

①サイロ・バンドリングの加速

あらゆるモノやコトが情報化することで、各情報が結合しにくい状態（「サイロ化」と言う）となる一方で、それらの情報を結合（バンドリング）するニーズが高まることを指す。

モビリティの進化に伴って、そこから得られる情報が大量かつ多種多様なものになっていくことから、従来の情報分析や加工では必要な情報を得られない可能性が高い。しかしながら、ありとあらゆる情報を分類・結合する魔法のような技術はいきなり登場するものでもない。だが、それに近いことはデータレイクの進展によって可能となってきた。

データレイクとは、既存のリレーショナルデータベース（RDB）に代わる新しいデータ参照の概念のことで、構造化データも非構造化データもそのままストレージに蓄積し、必要なときにその内容を横断的に検索・参照できる技術のことである。現在は取得できる情報が限定的であるため、結合技術を十分に活用するには至っていないが、人の思考で補完することでマーケティングなどに活かされている。いずれ、情報センシング技術が進展すれば、結合技術も半歩遅れで進展していくだろう。

ここで重要なことは、クラウド技術といった蓄える箱を用意するだけではなく、情報の持ち方を設計するということだ。それこそが、不十分な結合技術を補う最良の手段となるだろう。

そこで、ここでは移動手段（1）×センサー（5）×デバイス（6）の捉え方で具体的なシチュエーションを考えてみよう。仮に、DCM（Data Communication Module：専用通信機）が装備されたモビリティがあるとし、移動手段として現在と同じような使われ方をするとしよう。すると、顧客がモビリティに乗って街中を走るたびに、モビリティはあらゆる情報を取得するセンサーの役割をも担うことになる。

ここで、モビリティをスマートフォンのような「顧客接点を持つモバイルデバイス」と捉えると、新しい世界が広がる。スマートフォンを起点として

生活する形から、モビリティという空間そのものがデバイス化され、生活を支える形に進化するのだ。

やがて、それらのデバイス同士が同期し、デバイスの変化を気にしない（＝無意識化）状態に移行すると、また別の世界が開く。モビリティで移動しながら、場合によっては自動で目的地まで運んでくれ、そこでの体験が情報として収集されるようになる。たとえば、行き先が飲食店であれば、顧客はその飲食店での食事の良し悪しや体験をモビリティに登録するというわけだ。

こうして、すべての情報がモビリティをはじめとした各人のデバイス群に集約される。また、行き先の天候情報やその際の音楽情報など、個人に紐づく時間軸のある情報も集約される。これからは時点のデータを紡ぎ合わせることで情報に連続性が生み出され、その結果、離散状態のビッグデータから連続的なロングデータへと進化するだろう。

ゼネラル・エレクトリック（GE）は、データレイク技術を使って、ビジネスへの応用を考えている。彼らは「インダストリアルインターネット」を掲げ、ICT技術を活用し、生産性の向上やコストの削減を支援する。「産業用データレイク」は「インダストリアルインターネット」の一環であり、テラバイト（TB）規模に達する航空機の飛行データの管理や分析にデータレイクを採用し、情報の取り扱い方に大きな変化を生みだした。

だが、情報の単位が小粒になり、そこに動きが付加されれば、取り扱いは従来よりも困難となる。そうなると、どう結合するかが鍵となる。おそらく、ゼネラル・エレクトリックは情報の持ち方を工夫しているのだろう。加えて、情報同士の関連性を検証し、優位性が認められた時点で結果的に結合すべきものとルール付けているのかもしれない。いずれにせよ、結合技術が途上な現時点においてサイロ情報を有効活用するノウハウを磨いているのは確かだ。

小粒化し、サイロ化する情報をうまくまとめあげる結合技術が、これからの金融機関に求められる重要な潮流の1つと言えよう。

②ノンヒューマン・トランザクションの進展

人の手を必要とせず、大量のデータが圧倒的速さで処理されることを指

す。ロボティクスや自動化が進むモビリティの世界においては、あちこちから集まる大量データのなかから必要な情報を峻別すること、利用者等を特定・認証することの重要性が高まるだろう。

　こうした機械による情報の取捨選択と個人の特定・認証を、モビリティやロボット等のモノづくり企業以外がビジネスに昇華するには、データ捕捉のタイミングと方法が鍵となる。

　そこで、ここでは共有手段（2）×空間（3）×センサー（5）の捉え方で具体的なシチュエーションを考えてみよう。前提として、モビリティは自動化し、共有されているとする。また、あえてヒトにとっては空間として価値のない場面を想定する。おそらく、モノを配送するといったロジスティクスがわかりやすい例となるだろう。

　近い将来、ヒトが物流やその管理に介在することはなくなり、機械がセンサーを通じてデータとモノをやり取りするようになる可能性は高い。たとえば、自動化されたモビリティがヒトを乗せると同時に、目的地を同じくするモノ（もちろん搭乗者とは関係ない）を載せるということも考えられる。1つのモビリティのなかで「ヒトにとって価値のある空間」と「モノを運ぶためだけの空間（≒小型コンテナスキームの創造）」がシェアされ、モノもヒトが利用するモビリティに相乗りしながら目的地まで自動で運ばれるという極めて効率的なロジスティクスの形である。

　高度なセンサーが備わったモビリティは、いわばM2M（Machine to Machine）の世界を実現させ、カネの流れ（決済等）を含めたあらゆる情報のやり取り（トランザクション）がヒトの介在なしに完結する。では、こうしたシチュエーションにおいて、いわゆる物流業界やモビリティ業界以外がビジネスを行うには何をすればよいのか。

　ここでは、2つの参考事例を紹介する。1つ目は、アメリカのOrbital Insightという地理空間アナリティクスを提供するスタートアップ企業のビジネスモデルである。彼らは衛星やドローン、気球、その他の無人航空機（UAV）から数ペタバイトにのぼる画像データを購入し、解析したデータをユーザー企業に販売している。衛星画像からは、車両や建築物、土地の利用状態、気象、植生などさまざまな情報を読み取ることができる。たとえば、干ばつの予測や原油在庫のモニタリング等だ。

ある特定の社会トレンドを把握したい60社以上の企業や政府等に対して、AIによる機械学習・深層学習で衛星画像を分析し、分析結果を売ることで価値を作り出しているのである。衛星画像自体は、軌道衛星やドローン、UAV等が自動で大量に撮影することから、ヒトが介在する余地はない。しかし、Orbital Insightは、画像や映像のような有益だが大量の生データとそれをどうにかして利用したいユーザーの間に入り込み、データが利用者に届く前のタイミングで自社のアセットを活用している。

2つ目は、イギリスのNEOSという保険のスタートアップ企業の新ビジネスだ。彼らは、スマートホーム用プラットフォームをサードパーティーに開放し、居住者の日々の日常行動データを掌握しようとしている。たとえば、ある世帯の電気のスイッチON/OFFの時間が把握できるだけでも、ある程度、居住者の日常生活の行動パターンが読み取れるだろう。あるいは、パスワードや生体情報を連携することで個人を特定し、家の鍵や電化製品、モビリティ等の使用を認証するといったセキュリティ分野も担えるかもしれない。こうして、生活者について多くのデータを集めることで、自社の商品開発やマーケティングに活用することができる。

Orbital InsightとNEOSの事例に共通していることは、「情報収集にヒトが介在していない」こと、「より早いタイミングで情報を捕捉している」ことである。彼らは、M2Mでやり取りされる情報を先んじて取得し、次のビジネスにつなげているのだ。

これは、M2Mでの情報交換が主流になるだろうモビリティの世界における、金融機関の適切な立ち位置に示唆を与えてくれる。金融機関は、可能な限りモビリティで集まる情報トランザクションの上流にいなくてはいけない。言い換えれば、情報の利用者ではなく、情報の供給者にならなくてはならない。モビリティサービスのプレイヤーと協力し、ノンヒューマン・トランザクションに入り込めるポジションを獲得できるかどうかが、今後の金融機関の価値を左右することになるだろう。

③データ・ペネトレーションの進歩

フィンテックをはじめ、取得した情報をうまくビジネス化することで成長

できることを指す。これは、前述した「ノンヒューマン・トランザクションの進展」に伴って、ビジネス全体に当然起こるべきことでもある。

ところで、昔も今も、取得した情報を迅速にビジネスにつなげることができるプレイヤーが市場で勝利するという図式は変わらない。だが、製造業などのものづくり企業だけでなく、IT企業においても、開発手法の小型化・高速化が進み、トライアル＆エラーが容易となってきた今、データに基づく仮説と検証のサイクルを極限まで速めることが重要となる。

その一方で、大量に得られるデータの扱い方や活用方法がわからないために、「情報を持て余す」企業が続出することは想像に難くない。今日においても、ビッグデータ活用に戸惑う企業は多いようだ。

そこで、金融機関の登場である。金融機関には、これまでの知見を活かし、金融機関の視点から情報をビジネスに落とし込む方法を他社とコラボレーションしながら伝えていくことが求められる。ここでは、資産（4）×センサー（5）×デバイス（6）から金融機関の役割を見てみよう。

DCMを装備したモビリティは、あらゆる情報を吸い上げることで、情報蓄積デバイスとしての資産的価値を持つと考えられる。たとえば、カーシェアリングサービス事業者が情報銀行のように、モビリティで取得したデータを販売する事業に進出し、それに伴い保有するモビリティを情報価値の高い投資用資産として、その所有権の一部を証券化するといった金融スキームを採用するなどだ。

こうした事業構想に金融機関が参画することは当然であり、むしろイニシアチブを執るべきである。ここで、シンプルな事例を1つ紹介したい。MetroMile（メトロマイル）というPAYD（Pay As You Drive）型テレマティクス保険を展開するアメリカの保険会社とフランスの大手タイヤメーカーMichelin（ミシュラン）がコラボレーションしたビジネスだ。

ミシュランはメトロマイルとコラボレーションすることで、売り切り型のタイヤ販売ではなく、SaaS型のタイヤ販売を実現することができた。メトロマイルがミシュランに提供したのは、テレマティクス保険における情報取得技術とそのビジネスモデルである。

ここで注目すべきは、タイヤの回転数という情報を取得し、回転数に応じた新しい課金システムを実現したという点だ。金融機関とのコラボレーショ

ンにより、ミシュランはタイヤという主要製品の売り方を増やし、安定的かつ確実にキャッシュが生み出される仕組みを手に入れたのである。

これからの時代、情報のビジネスモデルへの浸透がより重要になってくる。元来、金融機関はサービスとして情報からお金を生み出してきた。情報の有効活用とビジネスへの変革に対する知見は、金融機関にこそ期待されるべきである。

モビリティ3.0は金融機関にとってもチャンス

前項で述べた大きな3つの潮流である「サイロ・バンドリングの加速」「ノンヒューマン・トランザクションの進展」「データ・ペネトレーションの進歩」はまもなく到来する。これらの潮流は、金融機関の「事業から機能へ」の動きをより一層加速することになるだろう。

冒頭で説明したように、金融機関は16世紀に個人の財産所有が認められてから今日に至るまで、そのビジネスモデルを守り続けてきた。そして、そこから資本主義の流れに乗り、多くの事業機会に恵まれてきた産業の1つであった。これは換言すれば、古くに作り上げたビジネスモデルに依存し、新しいビジネスモデルを創出する意欲が欠けていたとも言える。

では、これからの金融機関が取るべき立ち位置とは何であろうか。

明言したい。これからの金融機関は新時代の「錬金術師」を真に指向すべきである。現代における"錬金術"とは、「技術を使って、情報を取り、ビジネスモデルに移し替える」ことである。すでに登場している数々の新しい形の金融プレイヤーは、いずれもその錬金術をなしてきた。顧客に寄り添ったサービスを生み出すために最先端の技術を用い、必要に応じて他企業とコラボレーションし、有益な情報へと変換して、収益化するように形づくる方策を取ってきたのである。

そして、新時代の錬金術には「3つのC」が成功の鍵となる。

①技術を使って情報を取り込み（Capture）
②質のいい情報に変えて（Convert）
③情報に合わせたビジネスモデルを作る（Construct）

従来の金融機関が錬金術師として成功するには、この3つのいずれの要素

図20：モビリティ3.0時代の金融機関に求められる「3つのC」

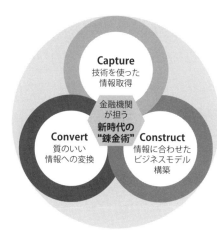

金融機関が着目すべき観点

■ Capture：**技術を使って情報を取り込み**

金融機関は、モビリティが集めることができるであろう情報を、テクノロジーを駆使して積極的に取り込むことが必要

■ Convert：**質のいい情報に変えて**

ロボティクスや自動化が進むモビリティの世界において、集積する大量データから必要な情報を峻別し、利用者等を特定・認証することに価値あり

■ Construct：**情報に合わせたビジネスモデルを作る**

モビリティに付随した顧客体験を支える、さまざまな仕組みを融通することこそ、金融機関のこれから取るべき立ち位置

（出所）アクセンチュア

も欠落してはならない。なぜなら、この一連の流れを押さえることこそ、他産業に真似のできない「希少性」を追求することができるからである。

　財産の所有に付随する無形サービスを提供してきた金融機関は、情報産業の最先端を走っていた。しかし、通信技術の発展により、通信事業者にお株を奪われ、やがて情報そのものまで奪われてきてしまった。しかしながら、元来、お金でお金を生むことに長けている金融機関は、技術をうまく使いこなし情報を取ることさえできれば、復権することができるはずである。

　また、金融とはカネを融通することに他ならず、人と人、企業と企業の間の金銭的な取引を楽にするために進化を遂げてきた。モビリティの価値が、その箱ではなく、無形の情報や空間に置かれるとき、モビリティに付随した顧客体験を支えるさまざまな仕組みを融通することこそ、金融機関のこれから取るべき立ち位置であると言えよう。

　金融機関はモビリティ3.0を事業機会の逸失ではなく、好機に捉える姿勢が重要である。多くの情報が集約されるモビリティには多くの可能性があり、金融機関にとっては今後の事業展開を占う大きな試金石となるであろう。

3-4
【エネルギー業界】モビリティの発展に対するエネルギー産業の期待

　2018年7月に埼玉県熊谷市で最高気温41.1度を記録し、気象庁が「長期的にみると地球温暖化の影響が表れてきている」と説明するなど、地球温暖化による気候変動の影響を身の回りに感じるケースが増えてきている。また、世界的にも平均気温の上昇、雪氷の融解、海面水位の上昇が観測[11]されており、地球温暖化を防止することが人類共通の課題となっている。

　地球温暖化対策は、1992年に大気中の温室効果ガスの濃度を安定させることを目標とする「気候変動に関する国際連合枠組条約(United Nations Framework Convention on Climate Change)」が採択され、1995年から毎年、国連気候変動枠組条約締約国会議(COP)が開催されている。上述した研究結果も踏まえて、2015年のCOP21で採択されたパリ協定では温室効果ガス排出削減目標が設定された。

　その目標を実現するエネルギーシステムの有望な将来シナリオの1つとして、「電源の脱炭素化」と「需要の電化」が並行して進むことが期待されている。具体的には、電源の脱炭素化に欠かせない再生可能エネルギー電源(以下、再エネ電源)の普及拡大と、化石燃料を大量消費している自動車の電化が並行して進むことで、脱炭素化に大きく貢献できる、というシナリオだ。

　一方で、天候の影響により出力が変動してしまう再エネ電源の普及が進むと、電力品質の維持が難しくなるというジレンマが発生する。電気は常に需

11　IPCC第5次評価報告書
　　(https://www.data.jma.go.jp/cpdinfo/ipcc/ar5/ipcc_ar5_wg1_spm_jpn.pdf)

要と供給を同量に保たなければいけないが、太陽光発電や風力発電は供給量を細かくコントロールできないからだ。

そこで注目されているのが蓄電池である。いま、蓄電池そのものの普及はあまり進んでいないが、上述した電気自動車の蓄電池を利用することができれば、発電量が安定しないという再エネ電源のデメリットを克服しつつ、更なる電源の脱炭素化を推し進めることができるのではないかと、エネルギー関係者は考えている。

ここでは、今後のモビリティの進展がエネルギー産業に対してどのような影響を及ぼすか欧米諸国の動向も踏まえながら見ていく。

世界で進む気候変動対策

まず、電気自動車が期待されるようになった背景から確認していこう。

上述したように、2015年のCOP21では、京都議定書を継ぐ枠組みとしてパリ協定が採択された。パリ協定では、「世界の平均気温上昇を産業革命以前に比べて2℃未満に抑制すること」、そして「21世紀後半には温室効果ガス排出量と森林などによる吸収量のバランスをとること」が目標に掲げられた。この協定は2016年11月に発効され、2018年10月時点では195の国・地域が署名、182カ国[12]が批准している。

パリ協定を受けて日本も、2030年度の温室効果ガスの排出を「2013年度比で26％削減」する目標を定めた。さらに長期的な目標として、「2050年までに80％削減」を掲げている[13]。

この野心的な長期目標の達成に向けては、二酸化炭素回収・貯留処理による化石燃料の脱炭素化や、大型原子炉の超長期運転の実現、投資効率の高い小型原子炉の開発など、さまざまな脱炭素化技術に関するイノベーションの組み合わせが考えられているが、その中でも環境価値の高い脱炭素化電源と

---

12 United Nations Treaty Collection
 (https://treaties.un.org/Pages/ViewDetails.aspx?src=TREATY&mtdsg_no=XXVII-7-d&chapter=27&clang=_en)
13 地球温暖化対策推進本部　関連閣議決定　地球温暖化対策計画（本文）
 (https://www.kantei.go.jp/jp/singi/ondanka/)

して、再エネ電源の普及が大きく期待されている。

運輸の脱炭素化に向けた世界の取り組み

世界の温室効果ガス排出量のうち、運輸にまつわる事柄から排出されるCO_2は全体の約4分の1にのぼる[14]。そのため、需要の電化に関しては、調理器具のIH化などといった従来からの熱源機器の電化に加えて、ガソリン車等の化石燃料を直接燃焼させる輸送機器の電化、すなわち電気自動車の普及が期待されている。

このような運輸の脱炭素化は世界的に進められており、欧米各国でもそれぞれの目標設定や将来のエネルギー産業に関する見通しを公表している。日本では、電気自動車の普及目標として、2030年に新車販売の20～30%を電気自動車(プラグイン含む)とすることを掲げた[15]。

イギリスは、2017年10月に運輸部門に関しての計画を明記した「クリーン成長戦略」を発表[16]。これには、「2040年までにガソリン車とディーゼル車の新車販売を打ち切ること」「超低排出ガス車の導入支援に10億ポンドを投じること」「低炭素の輸送技術関連に約8億4,100万ポンドを投じること」「世界最高レベルのEV充電インフラ網を整備すること」などの指針が組み込まれている。

また、中国に次いで世界で2番目に温室効果ガスを排出しているアメリカは、「2005年比で80%以上削減」を目標に掲げている[17]。そのために再生可能エネルギー・原子力によるゼロエミッション電源比率を向上させており、

◆

14 自動車新時代戦略会議(第1回)資料
 (http://www.meti.go.jp/committee/kenkyukai/seizou/jidousha_shinjidai/pdf/001_01_00.pdf)
15 EV・PHVロードマップ検討会 報告書
 (http://www.meti.go.jp/press/2015/03/20160323002/20160323002-3.pdf)
16 英国政府ポリシーペーパー The Clean Growth Strategy
 (https://www.gov.uk/government/publications/clean-growth-strategy/clean-growth-strategy-executive-summary)
17 United States Mid-Century Strategy FOR DEEP DECARBONIZATION
 (https://unfccc.int/files/focus/long-term_strategies/application/pdf/mid_century_strategy_report-final_red.pdf)
 トランプ大統領は2017年6月にパリ協定からの離脱を表明。2020年にも正式に離脱する可能性がある。他方でトランプ大統領は復帰も示唆しており、今後の動向は注視したい

運輸部門においては、2050年には乗用車の総走行距離の約60%をゼロエミッション車が占める見通しだ。

これらのことからわかるように、いま、世界は急速に運輸の脱炭素化・モビリティの電化を進めている。加えて脱炭素化社会の実現に向けては、再生可能エネルギーに着目した電源の脱炭素化が着目されている。ただ、再生可能エネルギーには、現状いくつかの課題がある。

エネルギー産業が直面する再生可能エネルギーの3つの課題

電源の脱炭素化を目指すにあたり、再生可能エネルギーへの期待はかつてないほど高まっている。2017年時点で、全発電量に占める再生可能エネルギーの導入量は約15%[18]。長期エネルギー基本計画では、再生可能エネルギーを「主力電源の1つ」として定義し、2030年度の電源構成として22〜24%程度と計画した[19]。

発電するには燃料が必要だが、風力や太陽光などの再生可能エネルギーの場合、発電にかかる限界費用はほぼゼロと見做すことができる。そのため、初期コストを低減できれば、自然の力を利用して発電した電気を使うのが、国民経済的にも環境にも一番いいのは明らかだ。であれば、再生可能エネルギーをどんどん普及させればよいのではないかと思われるかもしれないが、実はそれほど簡単な話ではない。そこで、まず再生可能エネルギーが抱える3つの課題について説明する。

●課題1：電力の需給バランスを調整できない

冒頭で少し触れたように、電力は需要と供給を細かく調整し、常に一致させる「同時同量」を実現する必要がある。これは、発電と消費が同時に行われ、しかも電力は基本的に貯めることができないからだ。もし、同時同量が維持できず、需給バランスが崩れると周波数が乱れ、最悪の場合、大規模停

18　2017年暦年の国内の全発電量に占める自然エネルギーの割合（速報）
　　（https://www.isep.or.jp/archives/library/10930）
19　第5次エネルギー基本計画
　　（http://www.enecho.meti.go.jp/category/others/basic_plan/pdf/180703.pdf）

電を引き起こすおそれがある。そのため、火力発電や揚水発電などを利用して細かく調整し、同時同量を実現させている。

つまり、火力発電は電気を作るだけでなく、需給を調整するという機能を果たしているのである。ということは、社会システムとしての火力発電の機能を代替するには、太陽光や風力などの自然の力だけでなく、調整力を代替する何かも必要ということになる。だが、自然の力には火力発電ほどの細かな調整力はない。したがって、発電のすべてを自然変動型の再生エネルギーに置き換えることはできず、現状では火力発電所を一定程度残しておかなければならない。

もちろん、風力発電や太陽光発電などを調整する技術がまったくないわけではない。風力発電は羽の向きを変えることで多少調整ができるし、太陽光発電も発電を止めれば可能だ。しかし、「同時同量」を実現するような細かな調整は現状では難しい。結局のところ、自然環境の変動によって影響を受ける再生可能エネルギーへの依存度が高まるほど停電を防ぐための周波数の維持が難しくなってくるのだ。

●課題２：電力系統との接続に制約がある

再生可能エネルギーでは、電力系統との接続がネックになることもある。太陽光発電の場合は十分な日照量のある土地、風力発電の場合は十分な風量がある土地が適しているが、既存の電力系統は必ずしも再生可能エネルギーの発電適地を考慮しているわけではない。電気が使われる場所で再生可能エネルギーを作れるのならいいが、電気が作られる場所と使われる場所が離れている場合には、既存の電力系統とつなぐために電力系統を増設したり、送電線を太くしたりする必要が発生したりもする。これはすなわち、コストの増大につながる[20]。

●課題３：電気の流れる向きを逆転させてしまう

従来、電気は大規模に発電され、一方通行で消費者まで送られていた。ここで、電気の基礎を少しだけ説明すると、電気は電圧が高いほうから低いほ

◆

20　https://www.env.go.jp/earth/report/h29-02/h27_chapt02.pdf

図21：再生可能エネルギーによる配電系統の電圧上昇（逆潮流）イメージ

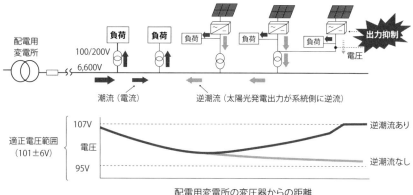

（出所）低炭素社会実現のための次世代送配電ネットワークの構築に向けて〜次世代送配電ネットワーク研究会報告書〜（経済産業省電力基盤整備課が設立した研究会）
（http://warp.da.ndl.go.jp/info:ndljp/pid/9532289/www.meti.go.jp/report/downloadfiles/g100426a02j.pdf）

うに流れる。街中に配電用の変電所を見たことがある人も少なくないだろう。変電所は、発電所から送られてきた高い電圧を下げて、ビルや建物に送るための施設だ。電柱にも柱上変圧器が取り付けられており、そこでもさらに電圧を下げている。

　また、電気は使うと電圧が下がり、遠くへ送るほど電圧は下がっていく。つまり、発電所から変電所、変電所から電柱、電柱からビルや建物に送るたびに、電圧は下がっていくのである。これまでは一方通行だったために、電圧は下がる一方だった。そのため、変電所から遠いところまで電気を送るときには、中継ぎして電圧を上げる必要があった。

　しかし、家庭に太陽光発電が入ってくると、各家々から給電されて、電圧が持ち上げられてしまう（図21）。本来ならば、電柱から家々に送電されるはずが、家々のほうの電圧が高くなってしまうことで、電気の流れる向きが逆になってしまうのだ。

　電圧を調整する機器はあるが、これまでは一方通行が当たり前だったこともあり、細かく制御することは難しい。

　いま、この問題が世界中で起きている。再生可能エネルギーを利用すると

いうことは、送配電の仕組みそのものを再考する必要がある。

これらの課題が、実際にどのような影響を与えたか

　それでは、実際に再生可能エネルギーを大規模に導入しているところでは、どのようなことが起きているだろうか。

　日本では、九州電力が2018年10月に実施した九州本土における太陽光発電設備の出力制御が記憶に新しい。九州は「再生可能エネルギー大国」と呼ばれるほど、世界的に見ても、太陽光発電の導入が進んでいる地域である[21]。

　前述のように自然環境の変動によって影響を受ける太陽光発電が増えすぎると、電力消費が少ない春や秋の日中などには消費電力を上回ることになり、電気が余ってしまい、停電のおそれが出てくる。電力の需給バランスを安定させるためには、現状は出力を制限せざるを得ない。

　九州電力では、火力発電を抑えたり、電気で水をくみ上げる揚水式発電を活用して調整しても、62万kW分の余剰電力が発生すると予想し、2日連続で出力制御を決めた。また、今後も電力消費が減少する大型連休や年末年始などに出力制御を実施する可能性が高いとする[22]。このような出力制御が頻発すると、太陽光発電事業者の収益に影響を及ぼすことになり、再生可能エネルギーの主力電源化に水をさすことになりかねない。

　再生可能エネルギー導入率が30％以上のドイツでは、2011年、再生可能エネルギーの総発電量約1,000億kWhのうち、風力発電を中心に4億kWh程度の出力抑制が実施された。出力抑制時の発電事業者の機会損失は最終消費者に転嫁されているが、出力抑制に対しては3,000万ユーロの費用が掛かったという[23]。

　出力抑制量は2014年以降に急増しており、2016年には発電量約1,800億kWhのうち37億kWhとなった。出力抑制に関する費用は約6億5,000万ユー

21　東京大学生産技術研究所　ESI社会連携研究部門　第1回シンポジウム資料
　　(http://www.esisyab.iis.u-tokyo.ac.jp/symposium/20180509/201800509-04.pdf)
22　太陽光、2日連続で制御へ　九電が要請
　　(https://www.nikkei.com/article/DGXMZO36464400T11C18A0EA5000/)
23　欧州における調査報告
　　(https://www.env.go.jp/earth/report/h25-01/ref01.pdf)

ロとなり、2011年の20倍以上に増大している[24]。

　オーストラリアの南オーストラリア州では、2016年時点で風力発電を中心に再生可能エネルギーの導入率が41%まで進んだ[25]。ここでもやはり突発的な電力需要の変化に対応しきれず、停電する事象が複数回発生しているという。

再生可能エネルギーの課題を解決する"蓄電池"

　需給調整、系統接続制約、電圧といった課題を解決するためには何が必要か。需給調整のために、すぐに電気を出し入れできるもの。必要なときに必要な電気が使えて、余った時間に電気を貯めておけるもの。発電立地に関わらず電気を利用できるようにするもの。この条件をすべて満たすものがある。それが電気自動車にも搭載されている蓄電池だ。

　電気を貯めておけ、必要なときにすぐに出し入れできる蓄電池は、火力発電が担っていた調整力を代替できる可能性がある。さらに、発電しすぎた電気を貯めておいて、別の時間帯に利用したり、売ることもできる。たとえば、昼間太陽光発電で作りすぎた電気で夜の電力を賄うことができれば、夜に火力発電所を稼働させる必要がなくなる。しかも、ノンカーボンなので、今後再生可能エネルギーをより普及させていく際にも利用できる。

　ただし、蓄電池はまだコストが高い。そのため、停電時などのバックアップのためだけに、家庭に蓄電池を備えるのはあまり一般的とはいえない。だが、電気自動車を購入すれば、その電気自動車を乗り物として利用するついでに、搭載されているEVバッテリーを電力システムとつなげて活用することができる。それならば、再生可能エネルギーの普及にも貢献できる。

24　https://www.ise.fraunhofer.de/content/dam/ise/en/documents/publications/studies/Stromerzeugung_2017_e.pdf, p. 12
　　http://www.meti.go.jp/committee/kenkyukai/energy_environment/saisei_dounyu/pdf/002_02_00.pdf
　　https://www.bundesnetzagentur.de/SharedDocs/Downloads/DE/Sachgebiete/Energie/Unternehmen_Institutionen/ErneuerbareEnergien/ZahlenDatenInformationen/EEGinZahlen_2016_BF.pdf?__blob = publicationFile&v = 3, p. 79, 81
25　エネルギー情勢懇談会提言〜エネルギー転換へのイニシアティブ〜関連資料
　　(http://www.enecho.meti.go.jp/committee/studygroup/ene_situation/009/pdf/009_007.pdf)

つまりエネルギー産業は、再生可能エネルギーの課題を解決するために、"動く蓄電池"としての電気自動車に期待しているというわけだ。

電気自動車はエネルギー産業をどう変えるか

　電気自動車を乗り物としてだけでなく、電気を貯める貯蔵設備としても活用したい。そのことに関して、『エネルギー産業の2050年　Utility3.0へのゲームチェンジ』（日本経済新聞出版社、2017年）には、次のようなシミュレーション結果が掲載されている。

　電気自動車の蓄電容量の3%〜50%をTSO（送電系統運用者）が自在に活用し、分散エネルギー資源（太陽光や地熱など、小規模かつさまざまな地域に分散しているエネルギー資源）が発電した余剰電力を車載蓄電池に貯蔵できるとする。そのうえで、その電力を適切なタイミングで放電、または自らの動力として消費できるとすると、日本においては、車載蓄電池の蓄電容量のうち20%が利用可能ならば、分散エネルギー資源の出力抑制がほとんど必要なくなるという。

　電気自動車の数が増えれば、利用可能な蓄電池の数も同じだけ増え、大規模発電の設備利用率を高めることにも活用できるようになるかもしれない。オフピーク時間帯に火力発電所などの大規模発電のkWhを充電し、ピーク時間帯に放電することで、ピーク需要に対応する電力供給を行うための大規模発電設備の出力を代替することが可能となるだろう。

　また、この試算では、2050年の最大需要を2億3,000万kWとしている。仮に全国で電気自動車が4,000万台普及したとすると、その蓄電容量のうち50%をTSOが自在に活用できれば、必要なkW価値の半分近くを提供できる（図22、23）。

　ただし、送配電系統と電気自動車をつなげて調整力を発揮しようとするなら、必要なタイミングで充放電の制御がなされなければならない。これは、ゆくゆくは自動で制御できるようにする必要がある。充放電の際に人がいちいちプラグを抜き差しするのでは、安定した調整力として利用できないからだ。人の運用に依存しないためにも、非接触での充放電を実用化するのが理想的だ。非接触の充放電については、自動運転にも関わってくる。

図22：再生可能エネルギー電源導入促進のカギを握る蓄電技術

2050年時点のDERの発電容量は最大電力需要を大きく上回り、余剰電力が大量に発生する。
DERの経済性を維持するため、この余剰電力を有効活用する蓄電技術が必要となる。

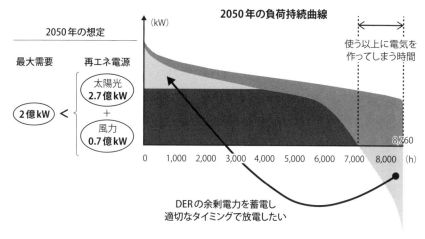

（出所）東京電力ホールディングス経営技術戦略研究所

図23：運輸システムと融合する電力システム

2050年までに全国4,000万台の自動車が電気自動車化し、その蓄電容量の一定割合を
電気事業で活用すると、DERの出力抑制を回避でき、BERの設備利用率も大きく改善される。

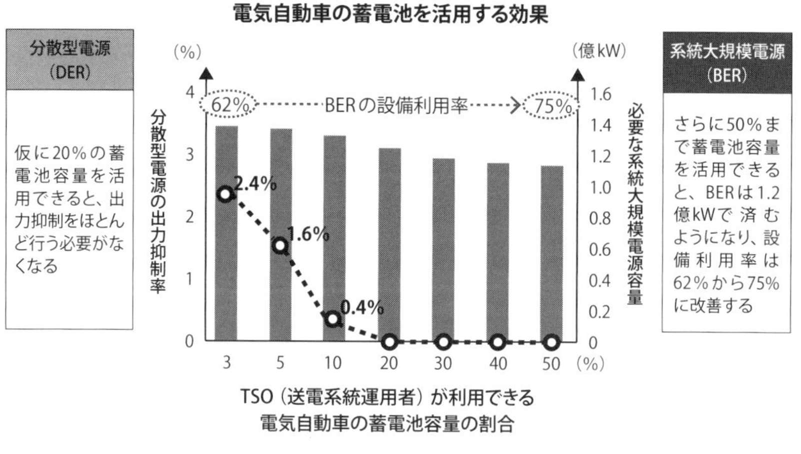

電気自動車の蓄電池を活用する効果

分散型電源（DER）	系統大規模電源（BER）
仮に20%の蓄電池容量を活用できると、出力抑制をほとんど行う必要がなくなる	さらに50%まで蓄電池容量を活用できると、BERは1.2億kWで済むようになり、設備利用率は62%から75%に改善する

（出所）東京電力ホールディングス経営技術戦略研究所

電力システム×モビリティシステム領域の新たな事業機会①
——暮らしのなかの電気料金を削減する「V2H/V2B」

ここまで、発電や蓄電池などの電力システムについて詳しく見てきた。モビリティシステムがいかに電力システムの未来に重要な役割を果たすか、理解できたと思う。次は、これらが掛け合わさったとき、モビリティ領域にどのような事業機会が生まれ得るのかを考えてみよう。

電気自動車にまつわるモビリティシステムのバリューチェーンは、「電力取引」「充電・放電」「駐車」「走行」「移動サービス」となる。ここでは、電力システムの観点から、特に「電力取引」「充電・放電」による事業機会として、「V2H/V2B」と「V1G/V2G」について見ていくことにする。

まず「充電・放電」に関わる「V2H/V2B」から説明しよう。

●V2H（Vehicle to Home）

電気料金が安くなる時間帯の電力や、再生可能エネルギーで自家発電した電力を車載蓄電池に充電し、電気料金が高くなる時間帯に貯蔵しておいた電力を家庭で使用することで、充電時と使用時の電気料金の価格差によって電気料金を削減するビジネスモデルのこと。

●V2B（Vehicle to Building）

ピーク電力に応じて電力料金が決められている大きいオフィスビルやマンションにおいて、電力需要がピークになる前に電気自動車から給電することで、ピーク時の電力消費をカットし、電力料金を削減するビジネスモデルのこと。

これらのコンセプトは、すでに萌芽を見せている。日本の「けいはんな実証プロジェクト」などで、電気自動車により、電力需要のピークカット効果を創出できることはすでに実証済みだ。

また、日産自動車の電気自動車リーフ向けのV2Hシステム「LEAF to Home System」は、日本において2017年7月時点で6,800台以上販売されており、年間の電気自動車の販売台数の5％ほどを占める。つまり、それだけ

図24：Vehicle to Building（三菱自動車・日立・Engieの実証）

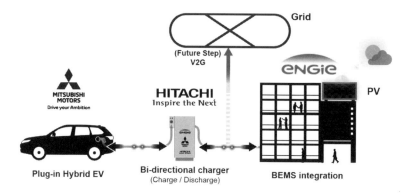

（出所）HITACHI HP
（http://www.hitachi.eu/en-gb/press/hitachi-mitsubishi-motors-and-engie-explore-using-electric-car-batteries-renewable-energy）

の規模でV2Hシステムは購入されているということだ。これは、消費者が電気料金の削減、非常用電源としての利用など、V2Hシステムのメリットを認知し始めていると言えるだろう[26]。

近年では、オランダで、三菱自動車がアウトランダーPHEVを、日立が電動車両・オフィスビル・送電網などと接続できる充放電器を、世界第2位のフランスの電気事業者・ガス事業者Engie（エンジー）が再生可能エネルギー・車両・建物の統合システムを提供して、オフィスビル電力の平準化を行うV2B実証実験を進めている（図24）。

なお、充放電させる電気自動車に関して、マンション内の各家庭や、オフィスビルの従業員等、個人が保有する車両の利用に際して、充放電の繰り返しに伴う各車両の蓄電池性能の劣化をどう扱うかといった課題が発生する。そのため、個人の保有車両ではなく、社用車など法人の保有車両を活用してのサービス提供が中心になると考えられる。

また、電力需要のピークカットを通じた電気料金の削減効果を創出するに

◆

26　http://www.nedo.go.jp/content/100878505.pdf

あたっては、対象とするオフィスビルや商業施設などの電力需要のピーク時間帯に、ピークカットに十分な電気自動車が確実に連携されている必要がある。さらに、ピークカット制御後に当該電気自動車を利用する際、必要な充電残量も確実に確保されていなければならない。

電力システム×モビリティシステム領域の新たな事業機会②
── 調整力等としての取引で対価も得られる「V1G/V2G」

次に、「電力取引」と「充電・放電」両方の側面を持つ「V1G/V2G」を見ていこう。これらは、電気自動車の蓄電池を電力系統の負荷平準化などのために活用するビジネスモデルだ。

◉V1G（Smart Charging）
電力系統（グリッド）の負荷を考慮したタイミングで電気自動車に充電を行い、その貢献に応じて対価を受け取るビジネスモデルのこと。
◉V2G（Vehicle to Grid）
「充電」のみではなく、電力系統への「放電」も組み合わせて対価を受け取るビジネスモデルのこと。

V1G/V2Gを通じて充放電される電気に関わる市場・取引には、「需給調整市場」「容量市場」「卸電力市場」「流通設備代替取引」の4つが考えられる。

◉需給調整市場
一般送配電事業者を主な取引先として、市場を通じて、短期的な需給変動への対応や周波数維持のための調整力（△kW価値）を提供して対価を得る。
◉容量市場
広域機関や小売電気事業者を主な取引先として、市場を通じて、国全体や各小売事業者が必要とする供給力（kW価値）を提供して対価を得る。
◉卸電力市場
小売電気事業者を主な取引先とし、市場を通じて、必要とされる電力量（kWh価値）を提供することで対価を得る。なお、海外の一部地域では、太

陽光発電のピーク時間帯に電力供給が需要を大きく上回るため、「電気を利用すると対価を得られる」という逆転現象も起きている。これは大型の発電所の稼働停止・再起動のコストよりも電力を引き取ってもらうための支払い額が少ない限り行われるという。

●流通設備代替取引

　蓄電池を活用することでピーク需要を抑制し、電力流通設備の更新投資を抑制・延期することで、送配電事業者から対価を得る取引のこと。たとえば、特定地域で再生可能エネルギー発電のピーク時間帯系統負荷を軽減することで、送配電事業者の系統増強投資を抑制し、対価を得ることが考えられる。

　V1Gとしては、電力系統の負荷が高い時間帯を外したタイミングで充電し、電力系統の負荷を減らすことで対価を得るという「EV活用のデマンドレスポンス」のビジネスモデルがある。

　一方、V2Gの実現は、すぐには難しいかもしれない。また、いずれ個人も事業主になれる可能性はあるだろうが、個々の電気自動車所有者がこれら市場に直接関わるのは難しいだろう。その代わりに、個人所有の車載蓄電池や家庭の蓄電池を自由に使っていいという契約をし、複数のリソースを集約してある程度まとまった規模の充放電制御を行う事業者（アグリゲーター）としてのビジネスモデルは考えられる。

　その発展形として、電気自動車などの蓄電池リソース以外にも、太陽光発電等の分散型の発電設備など多様なエネルギー資源も含めてネットワークでつなぎ、あたかも1つの発電所のように機能させる「VPP（Virtual Power Plant）」が考えられている。

V1G/V2Gの取り組み事例：北米

　V1G/V2Gともに、北米・欧州を中心にさまざまな取り組みが進められている。特に先進的なのがアメリカのカリフォルニア州だ。

　カリフォルニア州は2030年までに、州内の電力販売量の50％を再生可能エネルギーで供給することを目標に掲げており、太陽光発電の年間と累積の

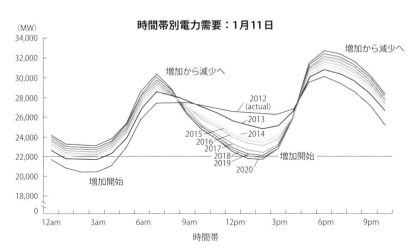

図25：カリフォルニア州のダックカーブ

（出所）California ISO 'FAST FACTS'（2013）を基にアクセンチュアが和訳
(https://www.caiso.com/documents/flexibleresourceshelprenewables_fastfacts.pdf)

導入量がともに全米No.1だ。一方で、実質電力需要と供給量が時間帯によって大きく乖離してしまう「ダックカーブ現象」が発生、電力の安定供給維持に向けた課題が顕在化し始めている（図25）。

このダックカーブ現象の対応策として、夕方のピーク需要をカットするデマンドレスポンス、そしてV1G/V2Gが期待を集めている。

実はカリフォルニア州は、米国内で一、二を争うほど電気自動車普及に積極的な州でもある。2030年に500万台の排ガスゼロ車導入目標を掲げ、州政府でもさまざまな電気自動車の普及促進策を積極的に打ち出している。V1G/V2Gにかかる取り組みも活発だ。

カリフォルニア州の送配電会社PG&Eは、BMWと共同でiChargeForwardと銘打ったV1G/V2Gの実証プロジェクトを実施。電気自動車オーナーに対してデマンドレスポンスを要請し、任意で電気自動車の充電を遅延してもらうことで、系統に対して柔軟性を提供することが可能であると証明した。

さらにiChargeForwardでは、BMW i3とその中古バッテリーを系統に接続し、2015年7月から2016年12月までの18カ月間にわたって合計100kWのデマンドレスポンスリソースとして実際に運用、パフォーマンスを評価した。

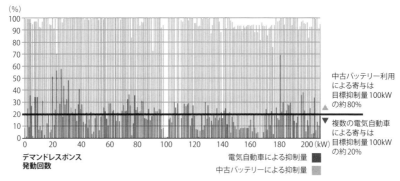

(出所) iChargeForward 'Final Report'を基にアクセンチュアが和訳
(https://ja.scribd.com/document/364477132/PGE-BMW-IChargeForward-Final-Report)

　この実証実験には、96人のi3オーナーが参加。バックアップとしてBMWが保持する中古バッテリー8基（合計100kW/225kWh）が容量の不足分を補填した。

　車両と中古バッテリーの容量（kW）ベースでの寄与度は平均2：8だったものの、夕方など電気自動車ユーザーが帰宅して充電を開始した時間では寄与度が50%まで上昇し、車両が多く充電されている時間帯ほど需給調整に効果的であることが示された（図26）。

　また、アメリカの充電システムの大手プロバイダーであるeMotorWerksは、同じくカリフォルニア州で電気自動車を蓄電池として活用した系統安定化サービスを提供している。これは、同社が運営する充電ネットワークであるJuiceNetに接続された充電器を対象に、ユーザーがあらかじめ設定した必要容量を超えて充電している車両への充電遅延を自動で実施し、報酬として協力したユーザーに換金可能なポイントが付与されるというプラットフォームである。2017年には、イタリアの大手電力会社で、欧州各地に充電ステーションを運営するEnel（エネル）がeMotorWerksの買収を発表しており、今後JuiceNetと同様のシステムが世界各地に展開されていく可能性を示唆する（図27）。

図27：eMotorWerks "JuiceNet"

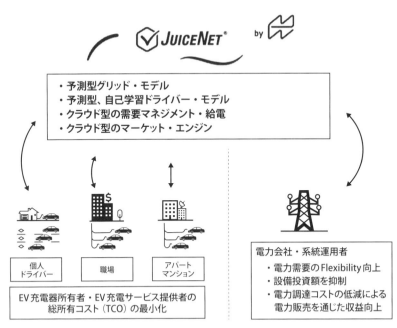

（出所）eMotorWerks Brochure3を基にアクセンチュアが和訳
（https://emotorwerks.com/images/pdf/brochures/emotorwerks-brochure-2017-07-14.pdf）

V1G/V2Gの取り組み事例：欧州

　ドイツを中心に欧州各地で再生可能エネルギー事業や送配電事業を手がけるE.ONは、自宅で太陽光により発電した電力を外出先のEV充電で使用できるSolar Cloud Driveを提供している。

　E.ONでは、消費者向けに太陽光発電システムの販売・ローン提供などを行っている。加えて、太陽光発電システムの設置者向けに、同社独自サービスとしてSolar Cloudを運営している。これは、太陽光発電をしたものの、自宅で消費しきれずに余剰となった電力を系統上の仮想ストレージで貯蔵してくれるという、文字通りのクラウド型サービスだ。

　ユーザーにとっては、自宅に大規模な蓄電池を設置せずとも自らの太陽光発電システムで生み出した電力を使いきれるメリットがある。

図28：E.ON "Solar Cloud Drive"

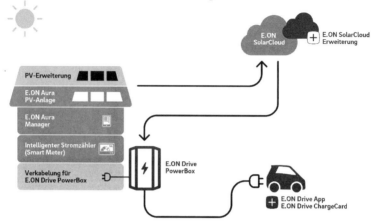

（出所）E.ON HP
（https://www.eon-drive.de/de/privatkunden/eon-solarcloud-drive.html）

　そして、このSolar Cloud DriveはSolar CloudのEVユーザー向けオプションだ。外出先のEV充電ステーションで、Solar Cloudの仮想ストレージに貯蔵された自らの電力で電気自動車を充電できるというユニークな仕組みになっているのだ。EV充電のたびに追加の料金を発生させないことで、ユーザーの経済性を向上させることに貢献できる。まさに、顧客目線に立ったV1Gの一類型と言えるだろう（図28）。

　V2Gの代表的な実証事例としては、日産自動車とEnel（エネル）、充放電器・充電プラットフォーム・車載通信機を提供するアメリカのV2Gベンチャー Nuvveが協力して行っている取り組みがある。デンマークのガス会社Frederiksberg Forsyningのフリートとして日産自動車の電気商用バンであるe-NV200を10台導入し、双方向充放電器で系統に接続させることで、駐車中の営業車をV2G用途で活用する実証プロジェクトだ。これにより合計100kWの容量をアグリゲートし、年間1,300ユーロ（約16〜17万円）の収入を生み出したとしている。このように事業所のフリートを用いたV2Gは、車両の使用パターンによっては効果を生み出しやすく、今後広がっていく可能

図29:日産・Enel・Nuvve　デンマークでのV2G実証

(出所)Nuvveプレゼンテーション資料
(http://amsterdamv2gconference.eu/images/program/NUVVE%20-%20V2G%20Conference17.pdf)

性がある(図29)。

日本におけるV1G/V2G市場の見通し

　日本では、2020年に容量市場、2021年に需給調整市場の開設が見込まれており、新たな事業機会として、電力会社やデマンドレスポンスアグリゲーターなどから注目を集めている。

　ただし、日本の市場で電気自動車が普及するには、まだ一定の期間を要する。また、V2Gが普及するには、放電対応のインフラ・機器の整備なども必要になってくる。したがって、2020年以降から容量市場や需給調整市場が開設されたとしても、日本における自動運転の普及時期などを考慮すると、本格的にV2Gが普及するのは早くとも2030年以降となるだろうと予想される。

　前述したように、V1G/V2Gともに、停車した電気自動車が必要とされるときに電力系統に接続されていなければ、その蓄電池を活用することはできない。インセンティブ設計などにより、ドライバーが意識的に接続・充放電を行うことも考えられるが、人任せでは頼りないのは事実だ。理想を言えば、系統への接続や充放電は自動化されることが望ましい。そして、それに

は自動運転の電気自動車が適している。このように日本でV2Gが本格普及していくには、自動運転システムの本格普及が前提となる。

　ただし、タクシー事業者、レンタカー事業者、フードデリバリー事業者など一定数の電気自動車を保有・マネジメントする事業者がフリート管理システムと連携すれば、自動運転システムの本格普及を待たずしてV2Gサービスの導入が進んでいくだろう。

　一方で、事業性の観点から考えると、V2Gサービスは、単位エネルギー取引当たりの単体で事業化するというよりも、他の法人・消費者向け事業のサービスの1つに組み込まれる形で進化していくと考えられる。

新たな市場創出の動きと電力会社の役割

　ここまでに説明してきたように、エネルギー業界では、電気自動車の蓄電池を活用した新たな市場機会の創出が期待されている。一方で、現状は電気自動車普及の黎明期であり、充電器やV2Gを行うためのハードウェアの作り込みも不十分だ。そのため、短期的に投資回収可能なビジネスモデルの創出には一定のハードルが存在する。

　現状、電気自動車の充電インフラの整備・運営事業は、政府からの補助金や自動車メーカーの支援金等により成り立っている。こうした課題を乗り越えて世界に先駆けて新たな市場を創造していくには、競争領域と協調領域を明確に切り分け、協調領域においては、事業者間協力を行うことが重要になってくる。

　たとえば、電気自動車の普及に向けた課題の1つに充電インフラ設備の整備がある。都市部はともかく、地域によっては電気自動車そのものが少なく、充電インフラ設備の稼働率も低迷する可能性がある。これは、投資判断に一定のハードルがあることを意味し、充電インフラの整備が進まないことにつながり得る。さらに、充電インフラの整備が進まないと、電気自動車の普及が促進されないということで、大きなジレンマに陥ることになる。

　また、充電インフラの整備や運営事業は、投資を回収するにも一定の時間を要する。しかも今後は、蓄電池性能が向上し、一充電当たりの航続距離が大きく伸びることも見込まれている。その場合、経路充電（目的地に辿り着

くまでの移動の経路上で行う充電）としての充電インフラは、場所によっては過渡期でしか使用されないという懸念も浮上する。

そのため、充電インフラの整備・維持管理は、協調領域として複数の事業者が協力しながら推進することが重要と考える。その取り組みには、電力会社の協力も不可欠となる。不必要な社会コストの増加を抑制するには、充電インフラを設置する事業者と、系統別の需要と設備能力を把握する電力会社との連携が必要となってくるためだ。

たとえば、日本の急速充電規格である「チャデモ」は、2020年をめどに急速充電器の最大出力を350kWまで引き上げる計画がある。これは、これまで電気自動車の欠点であった充電速度を改善し、電気自動車の普及に向けた大きな進歩になることが期待されている。

一方で、350kWの超急速充電器の稼働率が8割程度になる時間帯では、280kWの最大電力になり、これは5,000㎡[27]程度の中規模ビルの消費電力と同等であることを意味する。つまり、高圧の超急速充電ステーションを特定地域に集中して設置する場合、特定地域での系統負荷増大に対応するため、地域の配電系統を増強しなければならないが、その投資コストは電気代に転嫁されることになる。

また、送配電事業を持つ電力会社は、面で広がるメンテナンスネットワークを保有している。これも、充電インフラネットワークの維持・管理のためには必要である。

充電ステーションに関して、アメリカでは、電気自動車向け充電インフラの普及を配電事業者の新たな役割とし、規制費用による投資回収を支援する州も出始めている。

カリフォルニア州ではPG＆E社が、総予算1.3億ドルで「The EV Charge Network program」を推進している。2018年からの3年間で、共同住宅・職場1カ所当たり10台以上、計7,500台のEV充電スタンドを整備する計画だ。この投資・費用の60〜80%を電気代で回収することになっている（図30）。

こうした海外の動向を踏まえると、協調領域の取り組みについては、政府

27　ビルで使用される電力量は50〜70W/㎡であり、280kW÷50〜70W/㎡で推計
　　（http://www.netdecheck.com/engineering_solutions/gas-air-conditioning/page3.htm）

図30：配電事業者によるEV向け充電インフラの普及

米カリフォルニア州では、EV向け充電インフラの普及を配電事業者の新たな役割とし、規制費用による投資回収の支援を行っている。

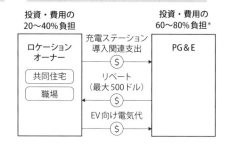

PG&Eにおける充電インフラ整備プログラム

- 総予算1.3億ドルで、2018年からの3年間で、7,500台の充電スタンドを整備する「The EV Charge Network program」を推進中
- 投資・費用の60〜80%は、電気代で回収
- 対象は、共同住宅・職場
  ※1カ所10以上のEV充電スタンド設置が条件

＊ 充電インフラ投資はレートベースの対象。O&M費用は、ロケーションオーナーからの回収費用と相殺して託送料金で回収
（出所）アクセンチュア

による制度的措置での後押しがあってもよいだろうと思われる。動く蓄電池としての電気自動車が普及し、その蓄電池が電力系統と融合していくことで既存の系統制約を超え、再生可能エネルギーの普及促進に寄与することも期待できる。

自動運転時代のモビリティシステムと電力システムの融合

　最後に、電力システムと、将来的に広まるであろう自動運転の関わりについても見ておこう。

　自動運転によるロボットタクシーは、電気自動車で普及していくと考えられる。一般に電気自動車はガソリン車よりも燃費がよいし、今後のさらなるバッテリー性能の向上も見込まれているからである。

　自動運転車では、人件費の削減等により、移動にかかるコストを大きく下げると予測できる。そうなったときには、充電するタイミング、充電する場所を踏まえて、「乗客向け移動サービス」と「電力充放電サービス」のどちらがよいかを都度判断して配車計画を作成するようになることもあり得るだろう（図31）。

第3章　CASEによって新たに生まれる事業機会

図31：電力充放電サービスを提供するロボットタクシー事業

電力システムと融合することで、モビリティが乗客向けの移動サービスだけでなく、
電力の充放電サービスも提供できるようになり、新たな事業機会が創出される。

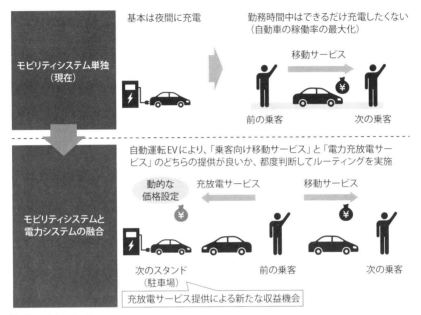

(出所) アクセンチュア

　充放電ステーションにおいて、出力抑制回避のための余剰電力の吸収や、上位系統に対する調整力、流通設備投資代替としての容量を提供する。対応する容量市場、調整力市場、卸売市場などの取引価格を踏まえて、地点別・時間別に変化するプライシングメカニズムを導入する。さらに、動的に変化するプライシング情報をロボットタクシーの配車・移動アルゴリズムに組み込む。こうしたことが実現されていけば、モビリティシステムと電力システムのさらなる融合が進んでいくことは間違いない。

SPECIAL INTERVIEW

インフラから
プラットフォームへ

東京電力
パワーグリッド
取締役副社長

岡本 浩
（おかもと・ひろし）

1993年東京大学大学院工学系研究科電気工学専攻博士課程修了、博士（工学）。同年東京電力入社。電力システムの最適化に関する技術開発に携わった後、本社技術企画部門で大容量送電（UHV）技術などのプロジェクトマネジメントを中心に、電力システム改革、再生可能エネルギーの統合・スマートグリッド戦略策定、電力技術の国際標準化、海外コンサルティングなどの業務に従事。2015年同社常務執行役経営技術戦略研究所長。2017年より東京電力パワーグリッド取締役副社長経営改革担当。近著『エネルギー産業の2050年 Utility 3.0へのゲームチェンジ』（共著、日本経済新聞出版社、2017年）では自動車産業と電気事業の将来が大きく重なってくると予想している。

モビリティと縁の深い電力事業

電気自動車というと、エコロジーや環境保護が叫ばれだした近年の発明というイメージがあるが、実際には大変長い歴史がある。

自動車と電気事業は、ほぼ140年前、同時期に誕生した。初期の自動車事業と電気事業は人材も一部重なっている。たとえばトーマス・エジソンと「T型フォード」でモータリゼーションを進めたヘンリー・フォードは、仕事上の交流を持っていた。実際、初期の自動車は、バッテリーを積んでモーターで走る電気自動車として想定されていた。しかし最終的にはフォードの内燃機関による自動車が圧倒的な主流となり、電気自動車はいったん歴史の表舞台から姿を消すことになる。

　自動車だけではない。もとをたどれば電鉄会社と同根の電力会社も多い。このように電気事業とモビリティ事業とは浅からぬ縁があるのだが、最近再び、両者のコラボレーションが生まれるようになった。東電が電気自動車に関係しているのは、このような由来と無関係ではない。

充電インフラで世界一のシェア「CHAdeMO」規格

　東電グループでは、2000年代の初めから姉川尚史（現在、東京電力ホールディングス経営技術戦略研究所長）が中心となって、自動車の電動化に取り組んできた。

　電気自動車の普及においては、充電インフラの整備が鍵となる。東京電力では異なる特性の電池や将来的に性能が向上した電池にも、1つの規格で安全かつ短時間に充電を行うことのできる急速充電器を開発して、トヨタ、日

CHAdeMO

産、三菱自動車、スバルとともにチャデモ（CHAdeMO）協議会を設立し、急速充電器の国際標準化と普及活動を進めてきた。現在、チャデモ方式が使える充電器は世界で2万2,000基あり、世界で最も普及した充電規格となっている。東電がチャデモ協議会の中で中心的な役割を担ってきたのは、「電気自動車を普及させるためにはどうすればいいのか」をニュートラルに考えられる立ち位置にいたこと、そしてそのことについて自動車メーカーや機器メーカーの方々から一定の信頼をいただけたからだと思う。

　さて電気自動車への充電方法には、100Vや200Vのコンセントを使う普通充電と、チャデモ方式のように大量の電気をスピーディーに充電できる急速充電の二通りがある。普通充電は充電に時間がかかるが、自宅などのコンセントでも手軽に充電できるメリットがある。私自身もEVユーザーとして両者を使い分けているが、それぞれに一長一短がある。ユーザーの充電の仕方を分析することで、社会全体で見た最適な配置が行われるようになるだろう。さらに将来的には非接触による充電や、自動充電も普及するだろう。

社会の要請としてエネルギーの脱炭素化を進める

　今後はエネルギーの脱炭素化のためにも、太陽光発電などの再生可能エネルギーの導入が進む。再生可能エネルギーには、天候の変動とともに供給量も変動するという弱点があり、この変動をバッテリーなどを使って調整する必要がある。しかし、電気自動車への充電を考えれば、そのバッテリーに電気をためておくことになるので、出力が変動する再生可能エネルギーとは非常に相性がよい。つまり電気自動車が普及することで、再生可能エネルギーの導入が容易になり、供給サイドと需要サイドの両面で、エネルギーの脱炭素化が進むことになる。これもわれわれがモビリティに関わっていく大きな理由の1つである。

　エネルギーの需要と供給の最適化、需要予測も含めたシステムも構想中だ。弊社は伊豆諸島の新島で、5年ほどかけて、いわゆるVPP（バーチャル・パワー・プラント）の実証実験を行ってきた。再生可能エネルギーの出力変動を蓄電池で自動調整することに加えて、翌日の電力需要と再生可能エネルギーでつくれる電気量を予測しておくことで、島のディーゼル発電機の最適

な運転台数を決めたり、蓄電池の最適な運転計画を決めたりしている。将来、EVが普及すれば、このような仕組みを通じて、EVが電力システムの安定化に大きな寄与をするようになるだろう。

さらに自動運転が実用化される段階になれば、充電料金をダイナミックプライシング（地点と時間により時々刻々と充電料金が変わる仕組み）とすることにより、いつ、どこで充電や放電を行うことが最適かを電気自動車側が判断することによって、電力ネットワークの時々刻々の混雑状況を反映した自動充電が行われるようになると期待される。ダイナミックプライシングをどういうアルゴリズムで計算するのかなども研究課題だ。

電力会社のグローバル競争は新しいステージに

このようにモビリティへの対応に力を入れ始めているのは、われわれだけではない。ヨーロッパやアメリカや中国などの電力会社も、電気自動車に大きな成長を期待しはじめている。

CHAdeMOの活動が始まった頃には、中国や欧米の電力会社はそれほど電気自動車に関心があったわけではない。だが我が国が国際標準化を始めたことで、欧州の車メーカーにも影響がおよび、国際標準規格獲得を巡って各国で急速充電の方式開発が進んだ。その後、中国や欧州の一部でEVへの公的な助成や税制優遇措置が行われたことで、急速に市場化が進みつつある。現在中国は、CHAdeMOと比較的近い充電規格を採用しており、出力を大容量化する次世代充電器の技術開発と標準化を進めるうえでは日中が提携していくことを合意している。

各国の電力会社が目線を合わせてEV化に取り組むようになった背景には、脱炭素化というグローバルな共通課題がある。多くの電力会社では、再生可能エネルギー開発に関与したり、ユーザー向けアイテムとして、電気自動車と並んで、「熱」の電化に取り組み始めている。日本では「エコキュート」と呼ばれている、いわゆるヒートポンプ式の給湯システムだが、欧米でも普及を始めたところである。

東電はCHAdeMOもエコキュートも世界に先んじて手をつけたが、残念ながら今は立ち止まっているという印象だ。特にこの7年ほどで、世界に追い

越されたのではないかという危機感がある。

プラットフォームの会社になる

これからのモビリティは個人で所有するのではなく、使いたいときだけお金を払って利用するモビリティ・アズ・ア・サービス（MaaS）になっていくはずだ。そのMaaSのサービスプロバイダーが活用する基盤の部分をわれわれが整えることも考えている。

そのためにはさまざまな他社とのコラボレーションが必要になる。グーグルやアップルなどの、いわゆる「GAFA」だけでなく、配車アプリのウーバー（Uber）などのプラットフォーマーが注目を集めているが、電力ネットワークを担うグリッド会社も、ある種のプラットフォームを担っていると言えるだろう。

電気自動車の走行を支えるプラットフォームとはどのようなものかを考えると、まず電力ネットワーク内への充電インフラの提供が必要になる。どこに行けば充電器や電力ネットワークに空きがあるかなどのデータを提供したり、認証や課金の仕組みも提供するようになるはずだ。さらに、再生可能エネルギーが増加した電力システムの安定化のために、停車して充電中のEVのバッテリーの余力を活用して電力システムの安定化を行って、EV所有者にその対価を支払うようなVPP（バーチャルパワープラント）のプラットフォームも必要だろう。さらに自動運転まで進むのであれば、面的に広がっているわれわれの設備（送電鉄塔や電柱などの地上機器）にセンサーをつけてその支援を行うことも考えられる。

一例として、これは東京電力ホールディングスが進めている「ドローンハイウェイ」という構想がある。これはもともとドローンが送電線や電柱や送電線にぶつからないようにするための三次元座標だが、これがさらに進めば、ドローンを思い通りのルートに導くことができる管制システムになると

ドローンハイウェイ構想

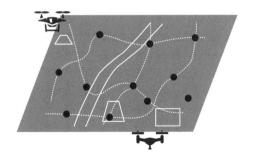

電力ネットワークを
「空から見える道しるべ」

↓

安全に飛行できる
ルートが実現

考えている。

オープンイノベーションを加速させる

　エネルギーや電力はもともと社会インフラの一つであり、安定的な供給が第一の企業目標となるため、比較的保守的で大きな変化が少ない業界であった。その中でこれまでの日本のエネルギー業界は、我が国のエネルギー自給率が非常に低いという危機感から、省エネに取り組んだり、LNG（液化天然ガス）を初めて発電に使ったりと、比較的イノベーティブであったという一面もあると思う。一方、欧米の電力会社は、一部の大手を除いて基本的にR＆Dも製造業者側に依存していた。ところが近年のデジタルの発達とともに、イノベーションセンターのようなものをつくり、新しい商品やサービスの開発を始めた電力会社が多い。たとえばオランダの電力会社では、スマートシティや分散型電力取引などの分野で、いきなり10種類ぐらいの新規事業の会社を設立するなど、いままでの電力会社にない動きを見せている。このような動きがこの5年〜10年で非常に活発になってきた。

　これからはわれわれも産業横断的に、未来を創る仕事に参画していきたいと考えている。そうなれば、いままでおつきあいのなかった業界の方ともコミュニケーションをとって協力していかなくてはいけない。今後は会社として、オープンイノベーションのスタイルを加速させていくことが必要だろう。そのためにはわれわれが何をやりたいのか、何が課題なのかを、社外の

方々にはっきりと示すことが必要だ。そうすることで優れたアイデアや技術を持った方々と組めると思っている。たとえば、いま東電ホールディングスでは「TEPCO CUUSOO（テプコ・クウソウ）」というウェブ上のプラットフォームを使い、アイデアを募集している。むろん、昔ながらの人的なネットワーキングから素晴らしいアイデアが生まれることもあるだろう。その両方を組み合わせることが必要なのだと思う。

　さらに言えば、このような業界再編の時代には、省庁の管轄もいままで通りにはいかなくなるだろう。従来ならクルマに関係することであれば「それは国交省の管轄ですね」で済んでいたのが、新しい産業を創造し、MaaSを実現しようと思えば、総務省、経産省など複数の省庁を横断せざるを得なくなる。だが現在は各分野で技術の高度化かつ専門化が進んだために、たくさんのサイロのようなものができている。これをどういうふうに見直していくのか、具体的に議論を進めていく必要があると思う。

第**4**章

グーグルの戦い方

　わずか二十数年でグローバルな巨大グループに急成長した米Alphabet（アルファベット）。その中核企業が読者の皆さんもよく知るグーグルである。アルファベットはPCからモバイル、モバイルからウェアラブルと環境の変化に合わせて成長し、圧倒的なテクノロジーの力でIT業界に君臨。これまでデジタル×グローバルで戦ってきたが、これからリアル×ローカルへの進出を図っている。

　彼らは100年続く歴史ある自動車業界でどのように戦っていこうとしているのか。本章では、アルファベットのモビリティ領域への挑戦と戦略シナリオを考察する。

4-1

グーグルのこれまでの戦い方

IT業界の覇者、グーグル

　歓迎会のお店探し、イベントのチケット取り、ショッピングなど、何か知りたいことがあったとき、欲しいものがあったとき、あなたは何をするだろうか？　おそらく、まずは手元の端末で検索するのではないだろうか。その際、世界で最も利用されている検索エンジンがグーグルだ。

　検索だけではない。Google Map、Gmail、Google翻訳、YouTubeなど、さまざまなサービスを日常的に利用しているはずである。読者の皆さんもよくご存じだとは思うが、ここでグーグルがどのような会社なのか、まず確認しておきたい。

　改めてグーグルの提供するサービスを見てみると、ワードプロセッサやクラウドサービスといったビジネスユースから、ゲームやメッセンジャーなどのプライベートユースまで、あらゆるITサービスをカバーしていることがわかる。さらに、ほとんど意識されることなく使われているものもある。たとえば、Android端末に入っているAndroid OS。そして、「OK, Google」のキーワードで話題になった音声認識AI搭載のGoogle Homeなど、暮らしのあらゆるシーンにグーグルのテクノロジーは入り込んでいる。

　スタンフォード大学の学生だったラリー・ペイジ氏とセルゲイ・ブリン氏によって創業されてから20年。グーグルはいくつものイノベーションを生み出すだけでなく、優れた技術を持つ会社を積極的に自陣営に取り込むことで、指数関数的な成長を続けている。今やグーグルは、デジタル×グローバルの領域において飛び抜けた力を持つ存在となった。

デジタルプレイヤーの戦い方

　グーグルはその企業理念として、「グーグルが掲げる10の事実」[28]を公表している。そのなかに「世の中にはまだまだ情報があふれている」「情報のニーズはすべての国境を越える」とある。この理念に従い、グーグルは情報の領域や重要性、言語などにかかわらず、世界中のあらゆる情報を収集・蓄積・整理する。収集される情報はパーソナルデータにも及ぶ。世界中の人々の検索履歴、位置情報、興味関心までリアルタイムで把握しているのだ。

　その包括的なデータベースこそが、グーグルの競争力の源泉である。グーグルの基本的なビジネスモデルは、データベースを活用した精度の高い検索サービスの提供と、ウェブサイトへの広告掲載による収益の確保。

　すでにグーグルはデジタルの世界において、グローバル規模で消費者とサービス・プロバイダーを"結びつける"プラットフォーマーとしての地位を確立している。その圧倒的なシェアが強いネットワーク外部性を生じさせ、莫大な利益を生み出しているのである。

　これは、AGNA-FITS（Apple、Google、Netflix、Amazon、Facebook、Instagram、Twitter、Snapchat）と呼ばれるデジタルプレイヤーに共通する戦い方だ。消費者とサービス・プロバイダー双方へ資産（アセット）を外部化することで、マージナルコスト（限界費用）ゼロでの成長を可能としたのである。

　グーグルを擁するアルファベットの時価総額は、米Apple（アップル）、米Amazon（アマゾン）などと同じく、世界トップクラスである。ここ数年、彼らは「AIファースト」を掲げ、人工知能やモビリティ領域に積極的に投資している。これほどの巨大な力をもって、彼らは何を成し遂げようとしているのだろうか。

28　https://www.google.com/intl/ja/about/philosophy.html

4-2
グーグルの成長戦略
——モビリティ領域への進出は成長への必要条件

デジタルプレイヤー勝ち組の戦い方を変えた2つの要因

　前節で、デジタルプレイヤーの戦い方は、グローバル規模で消費者とサービス・プロバイダーを結びつけるプラットフォーマーとしての地位を確立することにより、強いネットワーク外部性を生じさせることだと説明した。今、この戦い方に変化が起きている。その理由は2つ考えられる。

　1つは、デジタル×グローバルの領域ではすでに圧倒的なシェアをあるプレイヤーがおさえているということだ。これ以上の成長を見据えるならば、進むべき道筋はリアル×ローカルの世界ということになる。

　もう1つは、スマートフォンやセンシングデバイスの低価格化・高性能化によって、これまでIT化が進んでいなかった製造業などにもIT技術が導入され、デジタル化する範囲が拡大していることだ。モノづくりの現場がデジタル化されることで、企業はこれまでデータ化が難しかった生産、流通、利用などに関わるデータを独自に、かつリアルタイムで取得できるようになった。これは、新たなビジネス創出の機会が増えているということである。

　たとえばドイツでは、インダストリー4.0と称して、工場のIoT化（スマートファクトリー）が進んでいる。スマートファクトリーとは、工場にある機器や設備などにセンサーを組み込み、データを取得することで、これまで人が管理してきた各種情報をデジタル化した工場のことである。その目的は、業務を改善し、生産性を上げ、収益を拡大することだ。人手不足を解消する一つの解決策として世界的にも注目されており、日本でも安倍内閣が主導する働き方改革を実現するものとして取り組む企業が増えている。

つまり、企業が独自に消費者やサービス・プロバイダーの情報を把握できる範囲が拡大しているのである。

リアル×ローカルのデジタル化で新たな市場を切り開く

周辺環境の変化は、グーグル擁するアルファベットにとって新たなビジネスチャンスをもたらすものでもある。それは、デジタルからリアルの世界への進出の足掛かりになるからだ。高速かつ大量にユーザーを獲得できるグローバル規模のデジタル空間を主戦場としつつ、デジタル化に時間がかかる（＝人やモノの介在が必要）領域、対象が狭い（＝国・言語の制約）領域で、プラットフォーマーとしてビジネスを拡大させる。継続的な成長という点からも、彼らはデジタルで完結するビジネスからリアルビジネスに侵食していくだろう（図32）。つまり、リアル×ローカル領域への投資は今後もますます増加していくものと思われる。

なかでも、モビリティ市場は特に重要な位置づけとなる。クルマの領域には、車両に搭載されているセンサーやカメラなどから得られるクルマそのものの情報、車両からの制御情報、GPS（全地球測位網）から収集される車両の位置や速度などのプローブ情報、交通情報や信号情報といった車両の周辺

図32：グーグルのビジネスドメイン拡大の方向性

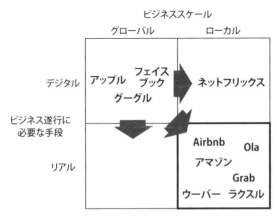

（出所）アクセンチュア

環境の社会インフラ情報など、数多くのデータが存在する。これらはまさしく宝の山である。なぜなら、これらの情報はグーグルの既存サービスでは十分に取得できなかったリアル×ローカルのデータだからだ。これらの情報を保有・分析すれば、従来の領域とはまったく異なる新たな価値を創出することができる。

一方で、車両から得られるセンサー情報や社会インフラ情報をより高度化するためには、コンピューティングリソース、各種のアナリティクスケイパビリティ、またそれらを生み出す多様かつ優秀な人材が必要となる。アルファベットは、自分たちがそれらの領域で競争優位性を獲得していることを自覚している。だからこそ、彼らはグローバルで550兆円とも言われるモビリティ市場でも確固たる地位を築こうと、熱心に投資しているのだ。

グーグルは利益度外視でモビリティ事業に投資する

モビリティ領域において、自動車業界以外のプレイヤーが新規参入するのは簡単ではない。たとえセンサーやコネクテッドの普及によってクルマのデジタル化が進んだとしても、IT業界では神のような存在であるグーグルであっても同じだ。

なぜなら、自動車業界はその長い歴史のなかで、上流から下流まで一続きの巨大企業集団を形成してきたからだ。完成車メーカーをトップとして、その下に一次サプライヤー、二次サプライヤーと連なる自動車業界のヒエラルキーは高い障壁となって新規参入者を阻む。しかも、自動車業界はリアル×ローカルの領域に位置するビジネスである。デジタル×グローバルの領域を得意とするアルファベットにとっては、文化も歴史もまったく異なる業界であるだけに、そのハードルは高いと言えよう。

ここで、アルファベットよりも先にクルマの領域に進出した米Tesla（テスラ）を考えてみたい。同社は、南アフリカ出身の起業家イーロン・マスク氏がCEOを務める電気自動車メーカーで、スポーツカー仕様の電気自動車「テスラ・ロードスター」をはじめ、セダンタイプの「テスラ・モデルS」、SUVタイプの「テスラ・モデルX」、低価格なセダンタイプの「テスラ・モデル3」を製造・販売している。

最初の電気自動車「テスラ・ロードスター」は2006年に最初のプロトタイプが公開されるやいなや大きな注目を浴び、『Time』誌の表紙を飾るほどの人気ぶりだった。その人気は一般販売が開始されてからも続き、約1,000万円という高額にもかかわらず、受注生産枠を超える注文があったという。

　しかし、最近では「テスラ・モデル3」の量産化の遅れに見られたように既存の完成車メーカーのような量産化のノウハウがないために、その獲得に多くの時間と費用を費やした。テスラのこの状況は、新規参入者が自動車業界の障壁を乗り越えることがいかに厳しいかを物語っている。

　では、グーグルや親会社のアルファベットもテスラの二の舞になってしまうのだろうか？　われわれはそうは思わない。たとえ自動車事業単体で収益が確保できなくても、または収益が十分見込めなかったとしても、モビリティ領域に積極的に投資していくだろうと考えている。なぜなら、彼らは広告やそれに付随したサービスからすでに莫大な収益を得ているからだ。加えて、多様な事業ポートフォリオと連携することで、モビリティサービスへの投資を補完することも十分できる。この強大なキャッシュの力も、アルファベットが新規事業を展開していくうえでの強みとなっている。

　彼らにとって、自動車事業単体で利益創出することは決して必要条件ではない。彼らは、データ収集力や新たな顧客接点の確保などプラットフォーマーとしての価値につながるメリットがあれば、短期的な収益化を目指さなくとも投資する。高度な技術力と豊富な資金力でとことん極め、他社が追随できないほどの圧倒的なシェアを獲得しようとする。それは、最初は成果が小さくても、最後に大きく成長した果実を収穫できればいいと考えているからだ。そして、この戦い方はグーグルがIT業界の覇者となったそれとまったく同じである。

　比して日本企業では、3年での単年黒字解消、5年での累積損失解消といったことが事業展開の前提となっている。そんな日本の自動車業界にとって、アルファベットのこの戦い方は大きな脅威と言えるのではないだろうか。

4-3
モビリティ領域でグーグルが狙う3つのアプローチ

　グーグルを擁するアルファベットは、モビリティ領域においてどのような戦い方をするつもりなのか。われわれは、次の3つの方向性で顧客基盤を確保し、サービス・プロバイダーを巻き込んでいくと予想している（図33）。

①"車載システム"視点
　車載インフォテイメント（IVI）システムであるAndroid Automotiveといった"車載システム"視点での事業展開。

図33：米アルファベットのモビリティ戦略

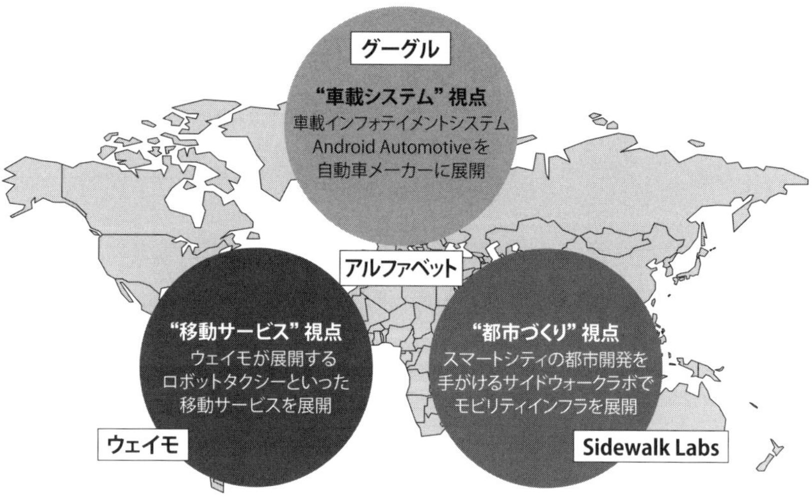

グーグル
"車載システム"視点
車載インフォテイメントシステム
Android Automotiveを
自動車メーカーに展開

アルファベット

ウェイモ
"移動サービス"視点
ウェイモが展開する
ロボットタクシーといった
移動サービスを展開

Sidewalk Labs
"都市づくり"視点
スマートシティの都市開発を
手がけるサイドウォークラボで
モビリティインフラを展開

（出所）アクセンチュア

② "移動サービス" 視点

ウェイモが展開するロボットタクシーといった "移動サービス" 視点での事業展開。

③ "都市づくり" 視点

スマートシティの都市開発を手がける Sidewalk Labs（サイドウォークラボ）が展開する "都市づくり" 視点での事業展開。

「車載システム」から車両に関する情報を収集する

　グーグルは2015年から、Android搭載のスマートフォンで利用しているグーグルマップナビや音楽再生、その他多くのアプリケーションを車載ディスプレイ上に表示させる「Android Auto」を提供している。また、2016年のI/Oモバイルデベロッパーカンファレンスでは、車載システム側にもAndroid OSを搭載したIVIシステムのコンセプト「Android Automotive」を打ち出した。

　2018年現在、このIVIシステムは開発中だが、2019年頃にボルボとアウディの車両に、2021年以降にルノー・日産・三菱連合の車両に利用できるようにすると発表している。グーグルの目的は、Android Automotiveを車載システムのデファクトにし、Android Automotiveを介してクルマに関連する多くのデータを収集・蓄積すると考えられる。

　では、なぜボルボやアウディ、ルノー・日産・三菱連合はAndroid Automotiveを搭載するのだろうか。それは、ユーザーがすでにスマートフォンで使い慣れたMapなどのナビゲーションやエンターテイメント機能を車載側でも提供することで、ユーザー満足度を高めるとともに、収益化が難しいとされるインフォテイメントやエンターテイメントの領域においての独自投資の抑制やマーケット投入へのリードタイムを早期化することにある。

　アウディやボルボといった世界シェアにおいては小規模な完成車メーカーだけでなく、自動車業界に大きな影響を与えるルノー・日産・三菱連合との提携は、明らかに流れが変わってきたことを示している。完成車メーカーの意識も変化してきているのだ。

　潮目の変化をいち早く捉えたのか、それともグーグルが流れを変えたのか

はわからないが、グーグルがこれから完成車メーカーとともにIVIシステム開発を進め、"車載システム"視点で事業展開を加速していくことは間違いないだろう。

今後、グーグルはクルマにGoogle MapsやAndroid Message、Google Play Books、Google Play Music、Google Assistantなどの情報・エンタメアプリを搭載していくことに加えて、たとえばSpotifyなどのサードパーティ製のアプリケーションも加えていくだろう。さらにクルマに関する制御として、座席とミラーの自動調整、空調の調節、窓・サンルーフの開閉、ラジオの操作もできるようにするという。

上述したように、グーグルはデータの収集・蓄積・整理と、それらを活用したサービス展開を得意としている。モビリティ領域でも、彼らは自分たちのこの強みを十分に活用していくだろう。モバイルにおけるAndroid OSやAndroid Autoで培ったサービスコンテンツやインターフェイスをレバレッジして、完成車メーカーに食い込む。そして、従来はスマホ内蔵センサーやOBD2（On Board Diagnosis second generation：自動車の自己診断機能）経由で間接的に取得していた車両情報を、Android Automotiveを介して取得可能となり得る。それにより、単に車載システムのサプライヤーになるのではなく、ローンや保険、メンテナンスなど車両購入後に顧客が継続的に支払うプロフィットの刈り取りを目指せるのである。

たとえばグーグルは、2015年から保険の比較・見積もりサービスの提供を開始している。このサービスは、Pay As You Drive（走った分だけ払う）型保険サービスとして、モビリティ領域に展開することもできるだろう。

移動サービスでは自動運転で先行企業を追う

ITを活用した移動サービスにはさまざまなものがあるが、ここでは自動運転に限定して話を進める。自動運転といえば実証実験中の交通事故が大きく話題になり、関心のある方も多いと思う。こうしたニュースを見ると、日本では実用化にはほど遠いと思うかもしれない。しかし、自動運転による移動サービスは国のIT戦略でも重点8分野の1つとして掲げられており、平成30年以降に実証実験を推進することが予定されている[29]。

その自動運転で存在感が大きいのは、ウェイモ、ウーバーといったスタートアップだ。かつてはグーグル自身で自動運転を研究・開発していたが、今はアルファベット傘下となったウェイモに一本化されている。ウェイモは、世界で最も自動運転技術の開発が進んでいると言われている。

ウェイモのCEOであるJohn Krafcik氏は、2018年7月のNational Governors Associationカンファレンスで、同社の自動運転車が800万マイルの公道走行を達成したと発表した[30]。

これらの膨大な走行データに基づいて、ウェイモはAIを活用した「世界で最も熟練したドライバー」の開発を目指している。ひいては「安全性の向上」「生産性の向上」「アクセシビリティの向上」の3つを実現することを掲げている。

①安全性の向上

交通事故により、1年間に全米で約4万人、全世界では120万人にものぼる命が奪われている。事故原因の約9割はヒューマンエラーだ。これについて、John Krafcik氏は「自らの気分の影響を受ける人間のドライバーが"Zero fatality（死亡事故0）"を実現するのは実質不可能である」と述べる。

自動車は運転免許さえ持っていれば、誰でも運転することができる。その運転技術は個人の経験値に依存するし、体調にも影響を受ける。運転操作ミスで事故を起こす。飲酒運転で事故を起こす。よくある話だ。こうした交通事故を防ぐには、むしろ人が運転しないほうがいい。自動運転が普及し、人の能力に依存しない「熟練ドライバー」が車両を操縦するようになれば、安全性が向上するのは間違いない。

②生産性の向上

アメリカでは現在、1日当たり平均50分程度の時間が通勤に費やされている。車による通勤が日本と比べて圧倒的に多いアメリカでこの通勤時間を運転以外のことに使うことができれば、仕事はもちろんのことプライベートで

29　https://www.kantei.go.jp/jp/singi/it2/tihou/dai4/siryou1.pdf
30　National Governors Association Conference
　　(https://www.youtube.com/watch?v=CoMTQ3xo_8Y)

対応すべきことも含めて、一日における作業の生産性を大幅に向上させることができる。

③アクセシビリティの向上[30) 31)]

運転免許を取得できる年齢に達しているにもかかわらず、さまざまな理由によって運転することができない人もいる。その数は全米だけでも1,600万人。自動運転が実現すれば、従来なら自由に移動できずにいた人々も、いつでも行きたい場所に移動できるようになる。

ウェイモは、2018年12月に商用自動運転輸送サービスを開始した。また同社は多くの大手企業とのパイロットプログラムを実施する[32)]。このプログラムは、同社の自動運転試験車両をより多くの顧客に利用してもらうため、試験走行の大半を実施しているフェニックス都市圏（アリゾナ州）で行われ、その後順次展開されることになっている。

予定されている提携先は、小売事業を展開するWalmart（ウォルマート）、自動車販売チェーンのAutoNation（オートネーション）、レンタカー事業のAvis Budget Group（エイビス・バジェット・グループ）、Element Hotel（エレメントホテル）、不動産投資信託会社のDDRと多岐にわたる。さまざまな領域の企業と提携することで、ウェイモは試験走行に協力したユーザーの移動パターンから自動運転車を利用する主な目的を抽出し、網羅することができるというわけだ。

提携先企業とのパイロットプログラムは次の通り。

31　Waymo Safety Report
　　(https://storage.googleapis.com/sdc-prod/v1/safety-report/Safety%20Report%202018.pdf)
32　TechCrunch "Waymo partners with Walmart, Avis, AutoNation and others to expand access to self-driving cars"
　　(https://techcrunch.com/2018/07/25/waymo-partners-with-walmart-avis-autonation-and-others-to-expand-access-to-self-driving-cars)
　　The Verge "Waymo partners with Walmart to test grocery pickup service in Arizona"
　　(https://www.theverge.com/2018/7/25/17611760/waymo-walmart-self-driving-vehicles-groceries-discounts)
　　CNET Japan「アルファベット傘下のWaymo、自動運転車事業でウォルマートらと提携」2018年7月26日
　　(https://japan.cnet.com/article/35123048/)

- ウォルマート：Walmart.comで注文した食料品を最寄りのウォルマート店舗でピックアップするためにウェイモの自動運転車を利用できる
- オートネーション：点検整備時の代車としてウェイモの自動運転車を利用できる
- エイビス・バジェット・グループ：レンタカーのピックアップ場所への送迎や、返却後に空港や自宅への送迎サービスにウェイモの自動運転車を利用できる
- エレメントホテル（一部）：「フェニックスを訪れる人にVIP体験」をしてもらうべく、宿泊中の市内観光の足としてウェイモの自動運転車を利用できる
- DDR：同社が所有する大型ショッピングモールでショッピングしたり、レストランに移動する際にウェイモの自動運転車を利用できる

アメリカにおいて、自動運転車が事故を起こした際の責任に関する法規が整備されているのはミシガン州など3州程度に限られるが、これらの州では2021年にも今回の提携で予定されている各種サービスが開始されることになっている。さらに2025年にかけて、全米＋αで一定規模のロボットタクシーも展開することになっている。ウェイモがロボットタクシーサービスを提供する頃には、ウーバーも確実に同様のサービスを立ち上げてくるだろう。

それを裏付けるかのように、2017年頃から自動運転試験を許可する州が増えている（図34）。2011年にネバダ州で始まった自動運転試験は、ここにきて一気に飛躍しようとしているように見える。

将来的には、移動サービスと広告ビジネスというように、移動サービスと他のサービスを連携したサービスも提供されるようになるはずだ。そうなれば、次のようなシーンの実現も考えられる。

素敵なフレンチレストランがオープンしたと聞いて、ママ友とランチを食べに行くことにした。駅に向かいながらスマホでお店のメニューを見ていると、高級ホテルのイタリアンレストランからディスカウントのお知らせが入った。「今日のランチコースが30％ディスカウント。無料でお迎えにあがり

図34：アメリカでの自動運転試験を許可した州の数は6年間で等比級数的に拡大

各州における自動運転試験許可州法・首長令の施行時期

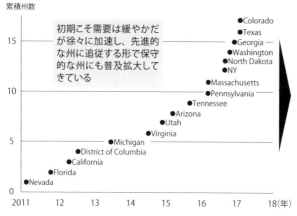

（出所）各都市の自動運転関連規制（条例／首長令）よりアクセンチュア整理

ます」

　このイタリアンレストランは前から目をつけていて、行きたいと思っていたお店だ。でも、少し高めなのと、電車で30分以上かかるのがネックになっていた。半ばあきらめていたが、無料で迎えに来てくれるのなら行ってもいいかも。そこで友だちに聞いてみると、「あの高級ホテルの！」と、お店の変更に賛成してくれた。

　スマホをタップした2分後には送迎車が到着。この送迎車はドアやフロントがデジタルサイネージとなっていて、ホテルで開催されているイベントの案内などが表示されている。車内は品の良いレザー張りで、2人乗ってもまだまだ余裕。しかもウェルカムドリンク付だ。

　メニューは車内モニターに表示されており、車内で注文しておけば、レストランに着いてすぐに食事できる。ディスカウントされたランチコースを選んで注文し、その場で決済も済ませる。車内には、あらゆるディスプレイを活用して素敵な海外の秘境の映像が流れている。興味あるところをタッチすると、画面の一部に旅行ツアー紹介の広告が映し出された。

このシーンでは、顧客は車両内外に表示されたホテルや旅行の広告、イベント案内を見るという体験をするとともに、料理の注文と決済も行っている。つまり、移動サービス＋広告ビジネス、移動サービス＋決済サービスといった新サービスが創出される可能性があるということだ。

移動サービスを都市の視点から俯瞰する

　「車載システム」と「移動サービス」はクルマそのものに関するアプローチだ。しかし、彼らが目指すモビリティサービスはクルマだけではない。クルマの外部環境である道路や信号、駐車スペース、鉄道などの交通インフラ、つまり街全体を包括的に見る"都市づくり"の視点からもモビリティを捉えている。要するにスマートシティへの参入である。

　グーグル擁するアルファベットがスマートシティに参入する理由はモビリティの視点からも説明できる。「車載システム」でクルマに関するデータを、「移動サービス」によって移動に関するデータを収集できるが、信号機や渋滞などの交通情報や駐車場の空き状況などの外部環境に関する情報は収集困難だからである。たとえば、交通インフラのデータを収集し、分析していけば、この交差点はいつも渋滞しているから迂回したほうがいい、駅の近くは開かずの踏切になっているから道路を高架にしたほうがいいといった、「移動」から見た都市の改善点も見えてくる。だが、そうした問題を改善しようと思うならば、都市づくりに関与する必要がある。

　これは、われわれもさまざまなスマートシティの案件に関与しているのでよく理解できる。そのなかの1つ、福島県会津若松市では、「Government as a Platform」と呼ばれる手法でスマートシティ化に取り組んでいる。エネルギーや交通などの公共データから個人の健康情報などのパーソナルデータまで、ありとあらゆるデータを収集・蓄積するオープン・ビッグ・データプラットフォームを街として構築、蓄積したデータを企業のビジネス創出に活用するというもので、市役所自身をプラットフォームとして機能させることを目的としている。

　アルファベットがやろうとしていることも、このGovernment as a Platformだ。カナダの首都トロントのウォーターフロント地区を50年かけて

再開発する「Sidewalk Toronto」計画のイノベーション＆投資パートナーになったのだ。実際に「Sidewalk Toronto」計画に携わるのは、アルファベット子会社 サイドウォークラボだが、アルファベットがデジタルの世界とまったく異なる街づくりに手を挙げたことは、既存のディベロッパーや完成車メーカーに大きな衝撃を与えるに十分だった。

　サイドウォークラボがトロント市に提出した「Sidewalk Toronto」計画では、ここ数年で世界中に広がったライドシェアといったさまざまなモビリティサービスを含めた、あらゆる交通手段を統合したクラウドベースのプラットフォーム構築を掲げている。そして、それが「Sidewalk Toronto」計画におけるサイドウォークラボの1つのゴールだ。

　現実として、このゴールに近づいているスタートアップも登場している。2016年初頭にサイドウォークラボ内に設立され、2018年にスピンアウトしたCoordである。同社はすでに標準化した複数のAPIを提供しており、そのうちのいくつかはデモ版も公開している。

　たとえば、ワシントンDC、ニューヨーク、サンフランシスコ、ロサンゼルス、シカゴで利用できる複数移動手段混合ルート検索アプリ「Multi Modal Router（デモ版）」は、リアルタイムの交通情報を反映したルートを計算するRouting APIを使用している。移動手段としては、徒歩やタクシー、公共交通機関といった従来の乗り物の他にも、自転車シェアやライドシェアなども選べるようになっている。

　また、ニューヨーク、サンフランシスコでは、Google Map上に路肩状況を色分けして表示するアプリ「CURB EXPLORER（デモ版）」が利用できるが、これには路肩関連情報を検索できる読み取り専用APIであるCurbs APIが利用されている。

　同社が開発した拡張現実（AR）技術を用いて路肩状況をデジタルデータ化する「Surveyor」を活用すれば、ライドシェアプレイヤーはより安全な乗車・降車ができる場所を簡単に見つけることができるようになる[33]。つま

33　WIRED「グーグルは未来都市のために、『モビリティのOS』をつくろうとしている」2018年2月12日
　　（https://wired.jp/2018/02/12/sidewalk-labs-coord/）

り、よりサービスの質を向上させることができるのだ。

　法的に適切な場所に車両を誘導できれば、路上停車による混雑の解消にもなり、駐車違反の取り締まりを減らすこともできる。そうなれば、警察にとっても有益だ。そして、これは路肩の利用に関するルールの策定・施行を、サイドウォークラボがサポートするということでもある。

　他にも、有料自動車道路の位置や料金情報を検索できるTolls API、駐車場の利用状況や利用時間を検索できるParking APIといったAPIを提供すると言われている[34]。

　上述したように、サイドウォークラボはモビリティサービスを含めあらゆる交通インフラを統合したプラットフォームの構築を目指している。しかも、これらプラットフォームは第三者の企業にも提供される。これが実現すれば、さまざまな企業が道路の通行料金や駐車場、路肩などの詳細かつ標準化されたビッグデータをサービス開発に使うことができるようになるだろう。

　自ら車載システムや移動サービスを提供しつつ、都市インフラ側からも他社のサービスを展開するプラットフォーマーとしての覇権を握る。計画の中にモビリティサービスは存在するが、目的は都市全体のデータ化、すなわち都市のプラットフォーム化なのだ。彼らにとって「Sidewalk Toronto」計画は、そのための壮大な実験場となり得る。その最終的なゴールの1つは、サービス・プロバイダーやアプリ開発者に対して標準化されたAPIを提供・統合することで、再開発地域の住民にシームレスな移動体験を提供することとなるだろう。

　ここで1つの疑問が生じる。なぜ競合となり得る他社に重要なアセットともいえるデータやAPIを提供するのかということだ。自分たちのグループ企業を優位にしたいと思わないのだろうか。

　実は、そこにアルファベットの戦略が透けて見える。彼らは都市のプラットフォームさえ押さえれば、自社のモビリティサービスが覇権を握らなくても勝てると考えていてもおかしくはない。グーグルがAndroid OSをオープンにしてモバイルデバイス市場を拡大したように、プラットフォームを利用す

---

34 https://venturebeat.com/2018/10/24/coords-surveyor-app-uses-ar-to-map-curbs-and-sidewalks/

るサービス・プロバイダーを増やしてモビリティ市場そのものの拡大を図ることも可能なのだ。

　もちろん、「車載システム」「移動サービス」「都市づくり」のすべてで勝つことができれば理想的だ。しかし、たとえば「移動サービス」でウーバーが勝ったとしても、アルファベットは致命的なことにはならないだろう。なぜなら、交通データをはじめ各種データをウーバーに提供するのはアルファベットであり、プラットフォーム利用料を得るという意味でビジネス的に成功するからだ。

　また、仮に「都市づくり」を他社に取られたとしても、「移動サービス」あるいは「車載システム」でアルファベットは勝てるかもしれない。どのようなシナリオが実現するにせよ、すでに全方位で仕掛けているアルファベットがモビリティ領域で大きな影響力を持つことは間違いないだろう。

4-4

グーグルはモビリティ世界を制するか

モビリティ領域におけるニーズの種は家庭にある

　アマゾンや楽天市場のようなインターネットショッピングでは普通、まずユーザーのニーズがある。それが検索され、リコメンドがあり、そのなかから選択して、購買する。この後、実際の物流があり、利用するという体験につながる。

　この一連のデジタルマーケティングで勝負を分けるのが、ニーズの種だ。何か買いたいと思ったときに検索させるのでは足りない。「あなたにはこれが必要ですよね？」「これを買うのであればこれをセットにするといいですよ」というように、買いたくなるリコメンドを入れ、潜在的にあるニーズの種に気づかせるのである。

　これと同じことが、モビリティの領域でも起きようとしている。モビリティの世界でいえば、移動するために目的地を検索すると、移動手段として電車やタクシー、ウーバーが表示されるまでが検索とリコメンドだ。そして、選択肢のなかからたとえばウーバーを選択し、呼び出して目的地まで移動することが、選択と購買に当たる。ということは、モビリティの世界でのニーズの種とは、「移動したい」という気持ちそのものだ。そのニーズの種を見つけ出し、いかにナビゲートしていくかが重要となる。

　このニーズの種の発見に、アマゾンもグーグルも鎬を削っている。グーグルの場合、音声アシスタントGoogle Homeがニーズの種を見つけ出す役割を果たす。なぜなら、ユーザーがGoogle Homeに話しかける内容が、そのままそのユーザーの興味関心であり、ニーズだからである。たとえば、ユーザー

が来週予定されている出張の飛行機のチケットとホテルの予約を取りたいと話しかければ、Google Homeはユーザーの希望にぴったりな飛行機とホテルを提示してくれる。
　直接話しかける内容だけではない。Google Homeは家庭内のすべての音声を拾うことができる。ということは、その音声を分析すれば、家の中の住人がどのような思考をしているか、住人がどういう性格なのかまで把握できるということになる。
　Google Homeがニーズの種を見つけ出せるようになると、たとえばこんな未来が考えられる。

　夕方のリビングで遊ぶ親子。テレビのそばにはGoogle Homeが置かれている。子どもが親に「お腹空いたね」と言うと、親が「そうだね。じゃあ今夜はレストランに行こうか」と答えた。その瞬間、Google Homeがレストランに行くための移動手段と家族好みのレストランを提示してくれる。

　この未来予想は、Google Homeが収集した膨大なパーソナルデータと消費者行動を分析すれば、容易に実現できる。数年後には、ユーザーの移動パターンや嗜好を把握し、その先の消費者の行動を予測することは当たり前になっているかもしれない。
　こうなると、もはや単なる移動や体験ではない。呼ぶ、選ぶという、今のライドシェアプレイヤーの一歩先を行くサービスだ。グーグルは、このような商業プラットフォームが将来、必要となることを見据えていると考えられる。

モビリティの先にある未来

　購入後の体験も、アルファベットは視野に入れているだろう。たとえば、ドローンのような操作が難しいガジェットを買ったとする。ドローンが手元に届いたとき、すぐに操作できる人もいれば、まったく操作できない人もいるだろう。操作できない人は、教えてくれる人がいれば、有料でも操作方法を教えてほしいと思うかもしれない。

第4章 グーグルの戦い方

図35：空間体験の価値向上

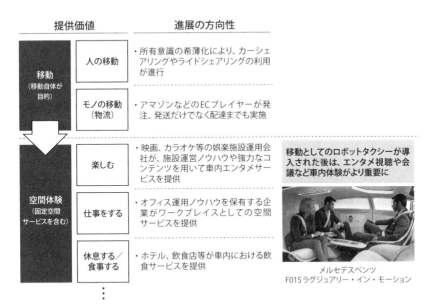

提供価値		進展の方向性
移動（移動自体が目的）	人の移動	・所有意識の希薄化により、カーシェアリングやライドシェアリングの利用が進行
	モノの移動（物流）	・アマゾンなどのECプレイヤーが発注、発送だけでなく配達までも実施
空間体験（固定空間サービスを含む）	楽しむ	・映画、カラオケ等の娯楽施設運用会社が、施設運営ノウハウや強力なコンテンツを用いて車内エンタメサービスを提供
	仕事をする	・オフィス運用ノウハウを保有する企業がワークプレイスとしての空間サービスを提供
	休息する／食事する	・ホテル、飲食店等が車内における飲食サービスを提供

移動としてのロボットタクシーが導入された後は、エンタメ視聴や会議など車内体験がより重要に

メルセデスベンツ F015ラグジュアリー・イン・モーション

（出所）アクセンチュア、https://www.mercedes-benz.com/en/mercedes-benz/innovation/research-vehicle-f-015-luxury-in-motion/

　その願いをかなえるサービスが、実際にアメリカとイギリスで提供されている。「Enjoy」というこのサービスは、インターネットショッピングでテクノロジー製品を買うと、エキスパートが製品を届けてくれて、製品について説明してくれたり、セットアップをしてくれたりする。つまり、購入後の体験によって、製品の価値を向上させているのだ。これは、買って終わりだったデジタルの世界のインターネットショッピング体験が、リアルの世界に拡張したということだ。

　モビリティコストが安くなり、移動が容易になれば、「Enjoy」のようなサービスも今よりも安くなる。そうなれば、食事や美容院も送迎が当たり前になるばかりか、自宅に料理人や美容師が来て、料理を作ってくれたり、髪をカットしてくれたりするようになるかもしれない。

　インターネットショッピングの体験が拡張したように、モビリティの体験もモビリティという枠から拡張し、空間体験としての価値を提供するようになるだろう（図35）。目的も、移動そのものから、移動中に何をするのかに

変わる。たとえば、映画やカラオケを楽しんだり、仕事をしたり、食事をしたり、睡眠を取ったりなど、車内体験が重要となってくるだろう。

　面白いことに、デジタルがテクノロジーの活用を突き詰めれば、どんどんリアルの世界や人間自身に回帰する。だからこそ、彼らは人、クルマ、都市といった情報を徹底的に活用し、モビリティ領域で覇権を握ろうとしているのだ。

第5章
ソフトバンクの戦い方

　今や、日本でソフトバンクを知らないという人は珍しいくらいだろう。2017年、純利益1兆円を達成し、"お父さん犬"が登場する「白戸家」シリーズのCMでもおなじみ。プロ野球チーム「福岡ソフトバンクホークス」の親会社として思い浮かべる人も多いかもしれない。また、会長兼社長の孫正義氏は、日本のみならず世界の経済界で経営者としての知名度が高く、グローバルに活躍している。

　創業から約40年。ソフトバンクは、孫氏の類まれなる経営センスと長期視点でのIT業界への見立てによってグローバル企業へと大躍進を遂げた。そのソフトバンクが次にターゲットとしているのがモビリティ領域である。本章では、ソフトバンクのモビリティ戦略を考察する。

5-1
圧倒的な投資マネーで拡大するソフトバンク

「No.1になる」を深化させたソフトバンクの「群戦略」

　ソフトバンクは今でこそ誰もが聞いたことのある大企業だが、もともとはパソコンのソフトウェアやハードウェアの卸し、そして出版を主な事業とするベンチャー企業だった。ヤフーやアリババといったインターネット事業への投資、「Yahoo! BB」ブランドでのブロードバンド事業の展開、ボーダフォン日本法人の買収やiPhoneの日本での独占販売を基軸とした携帯事業展開、さらには米通信会社スプリントの買収と、事業をグローバルに拡大していった。直近では、グーグル傘下のロボット開発会社Boston Dynamics（ボストン・ダイナミクス）の買収やウーバーへの出資をはじめ、さまざまなユニコーン企業への投資が話題になっている。

　同社をここまで主導した孫氏は、若い頃からさまざまなメディアで「No.1になる」と公言している。これは創業から約40年経ってもブレることがない。この"No.1思想"を具現化させたものが、孫氏が1999年から提唱する「群戦略」である。「群戦略」は、ソフトバンクグループの将来を語るうえで重要なキーワードなので、ここで簡単に説明しておきたい。

　「群戦略」とは、一言で言えば「No.1企業の集合体になること」だ。そのためにソフトバンクは、特定の地域または領域でNo.1の会社ばかりを集めたWeb型組織を形成している。あえてブランドを統一せず、戦略的に"ソフトバンク"のブランドをつけないことで「わざとバラバラにしている」のである。

　では、どうして孫氏はこの「群戦略」を思いついたのだろうか。第38回定

時株主総会で、生命の起源からインスピレーションを受けたと、彼は語っている。「地球上に初めて誕生した生命であるバクテリアの繁栄は『自己増殖』と『自己進化』という機能があったからこそ。惑星の衝突や氷河期など変化が激しい地球の環境は、テクノロジー業界とも類似している。300年間成長し続ける組織体になるためには、生命体の『自己増殖』機能に加え、『自己進化』という機能を、会社の組織体の在り方そのものに反映させる必要があり、それが『群戦略』である」[35]。

日本の財閥とソフトバンクの群戦略は似て非なるもの

「群戦略」に似て非なるものとして、孫氏は日本の財閥を挙げている。財閥とは、資本関係によって親会社と、銀行や商社、保険、重工業、建築、不動産などさまざまな産業の子会社がグループを形成した企業体のことだ。代表的な財閥に、三井、三菱、住友などがあるが、戦前あるいは戦後すぐの頃は、市場の大部分が国内中心だったこともあり、財閥は国内の各産業部門の1位、2位、3位を分け合い、繁栄を謳歌していた。

このようにさまざまな産業の子会社があるところが「群戦略」と似ていると言われる所以だが、グローバル化が進んでくると話は変わってくる。たとえ日本で1位の企業でも、世界では5位、10位になることが多い。すると、財閥は世界シェア6位、12位、30位の会社の集合体ということになってしまうのだ。

これについて孫氏は次のように述べている。「優先して自社グループの製品やサービスを使おうとすると、弱者連合にならざるを得ない。本当は1位の会社の製品を使いたいのに、1位の会社の製品よりも8位のグループ会社の製品を使おうとなる。世界で1位でないのに、使わなければいけない。なぜなら、使わないとシナジーを出しづらいからだ。果たして、それが強いグループ、強い組織体なのだろうか。私はそうは思わない」。つまり、No.1にこだわるためには、財閥のあり方ではふさわしくないのだ。

◆

35　ソフトバンクニュース「『群戦略』発明のきっかけは？ 第38回定時株主総会 速報レポート」
　2018年6月20日
　　（https://www.softbank.jp/sbnews/entry/20180620_01）

桁外れの資金力で有望領域へ大規模に投資する

　群戦略のなかで重要な役割を果たすのが、SoftBank Vision Fund L.P（ソフトバンク・ビジョン・ファンド：以下、「SVF」）だ。2017年に孫氏とサウジアラビアのパブリック・インベストメント・ファンド（以下、「PIF」）によって発足したベンチャーキャピタルで、情報革命を加速させるような事業を構築するための大規模かつ長期的な投資を行うために設立された。

　SVFでは、ソフトバンクグループの戦略的財務責任者ラジーブ・ミスラ氏の主導で投資先の選別をすることとなっており、運用規模は10兆円規模を誇る。これは、世界中の投資ファンドが動かす総額よりも大きい。この桁外れの規模だけでも、孫氏が未来のNo.1企業を徹底的に取り込もうとしている姿勢がわかるだろう。

　そのSVFが特に重視する領域こそ、モビリティ領域である。とはいえ、モビリティに注力しているのはSVFに限った話ではない。ほとんどのベンチャーキャピタルがAI、モビリティ、クリーンテックに投資している。また、ご存じの通り、グーグルも参入している。

　ただし、ソフトバンクはグーグルのようにすべてのデータを集めようとしているわけではない。彼らの目的は、有望なモビリティ企業を見極め、その領域でのNo.1を目指すことである。

　たとえば、2018年5月、SVFはゼネラル・モーターズの自動運転開発部門Cruise Automation（クルーズオートメーション）に総額22億5,000万ドル（2,450億円）を出資した。クルーズオートメーションは、グーグルやウェイモ擁するアルファベットにとっては競合だ。そこに投資したということは、ソフトバンクの本気度がかなり高いことを示していると言えよう。

　自動車メーカーの動向については次節で詳しく説明するので、ここでは簡単に触れるにとどめるが、ゼネラル・モーターズは自動車メーカーのなかでは先進的で、「将来的に自動車メーカーはモビリティのサービス・プロバイダーになるべきだ」と考えている。だからこそ、ゼネラル・モーターズは、2016年にクルーズオートメーションを買収し、モビリティサービスの強化を進めているのだ。

前述したように、ソフトバンクの投資先は一見するとバラバラで、一貫性がないように見える。だが、1つ確実に言えることは、ソフトバンクがあらゆる領域のNo.1を目指しており、伸び代が大きいと期待できる領域に対して大規模に投資するということだ。その直近の目標がモビリティ領域だ。これを裏付けるように、孫氏は「われわれの大きな特徴は、小さいところにちょこっと入るのではなく、世界を俯瞰しているということ」と主張する。

　今後、ソフトバンクはモビリティ領域にとどまらず、その先の世界を見据え、エネルギー領域やコミュニケーション領域など、投資先を拡大していくと予想できる。

5-2
ライドシェアサービスのフルポテンシャル

ライドシェアサービスを足がかりにモビリティ領域に参入するソフトバンク

　ここまでで、ソフトバンクのモビリティ領域への本気度を理解していただけたかと思う。次に、モビリティ領域のなかでもライドシェアサービスにフォーカスして議論を進めていきたい。

　はじめに、ライドシェアサービスの定義を明確にしておく。ライドシェアサービスとは、ドライバーが運転する1台の自動車をタクシーのように複数人が利用したり乗り合ったりして、同じ方面あるいは同じ目的地まで移動するという移動サービスのことだ。クルマのシェアリングサービスは他にも「カーシェアサービス」があるが、この2つのサービスはまったく異なる。「カーシェアサービス」は1台の車両そのものをシェアしてユーザーが自ら運転することに対して、「ライドシェアサービス」はドライバーが運転する車を複数人でシェアする。

　前述したように、ソフトバンクはモビリティ領域に重点的に投資している。ライドシェアサービスでは、ウーバー、グラブ、滴滴出行、オラといった主要なプレイヤーにすでに出資している。

　地域別のシェアを見ると、北米はウーバー、中国は滴滴出行、インドはオラ、東南アジアはグラブが、各地域のトップシェアを握っている。つまり、この4社すべてに出資しているソフトバンクが、事実上ライドシェアプレイヤーを牛耳っているということになるのだ（図36）。

図36：ソフトバンクはライドシェア市場を牛耳る

(出所) The information

　「ライドシェアでは、ウーバーと滴滴出行とオラとグラブ。これを足すと、1日当たりの乗降回数がすでに4,500万回ある。世界的に見ると、電車や地下鉄のネットワークは大都市以外にほとんどなく、次世代のトランスポーテーションとなるプラットフォーム、世界最大の交通機関をわれわれのグループで持ったということに匹敵すると思う」。第38回定時株主総会で、孫氏はこうも述べている。

　ライドシェアサービスの売り上げは、「4社の売上は年平均108％（つまり倍）で成長しており、17年時点で650億ドル（7.1兆円）規模となり、3年後には現在のアマゾンの売り上げ規模と並ぶ」とされる。

　だが、孫氏の野望は単なるライドシェアサービスに留まらない。彼はその先を見据え、都市交通のプラットフォーマーになろうとしている。もっとも、これはグーグル擁するアルファベットも同じだ。ただし、手段が異なる。グーグルはデータを収集することに加え、徹底活用することで実現しようとしているが、ソフトバンクは顧客基盤を保有する有力プレイヤーへの投資によって実現しようとしている。

　4社の事業を通じて、ライドシェアサービスの顧客基盤は固まりつつある。ソフトバンクが一サービス・プロバイダーの枠を超えて、都市交通プラットフォーマーとして都市行政にとっての立ち位置を確保できるようになる日も

そう遠くないだろう。

　また、ライドシェアサービスは有人運転だが、早ければ数年後、遅くとも10年以内には自動運転に切り替わる。だが、自動運転ではウェイモを傘下に持つアルファベットに競争優位がある。だからこそソフトバンクはライドシェアプレイヤー側としていち早く自動運転に持っていきたいと考え、そのための動きを加速させている。

自動車メーカーの地位を揺るがす
ライドシェアプレイヤーの情報力

　前項で、ソフトバンクが都市交通のプラットフォーマーとなろうとしていること、そしてソフトバンク傘下のライドシェアサービスは着実に走行距離を伸ばしており、ライドシェアプレイヤーが倍々で成長していることを説明した。

　この事実が示していることは何だろうか。それは、ソフトバンクがすでに豊富な顧客基盤とドライバー基盤を保有しているということである。これは多くのことを意味する。これらの基盤を持つことで、ソフトバンクの影響力はこれまで以上に大きくなることが予想される。そうなれば当然ながら、自動車メーカーとそのサプライヤー、各種サービス・プロバイダーに対しての発言力も大きくなる。

　ソフトバンク傘下のウーバー、グラブ、滴滴出行、オラのドライバー（登録ドライバー）の合計数は現在3,000万人を超えると言われている。つまり、世の中で3,000万台の車両が稼働するということだ。これは、単にライドシェアプレイヤーが大勢のドライバーを囲い込んでいるというだけではない。この約3,000万のドライバーは車両を運転しており、車両の使い勝手や性能、耐久性、コストなどについて、「ここは気に入っている」「ここは使い勝手が悪い」といった意見を持っているということだ。つまり、それぞれ異なる顧客ニーズを持っているのである。

　通常、自動車メーカーが顧客ニーズを把握しようとすると、莫大な資金を投下してユーザー調査を実施し、将来の"クルマ"の要件を洗い出していかなければならない。だが、ライドシェアカーに限定すれば、ライドシェアプ

レイヤーはすでに大勢のユーザー（＝ドライバー）を抱えているので、「ライドシェアに適した車両要件は何か」の"答え"を持っている。

そうなれば、いずれ自動車メーカーに対して「こういう車を作ってくれ」と要求するようになるだろう。その際、ソフトバンクが傘下のライドシェアプレイヤーを取り仕切ることは容易に想像がつく。規模が大きいウーバーや滴滴出行であれば交渉力も強いだろうが、ライドシェアプレイヤーを束ねるソフトバンクの交渉力は段違いに強くなる。

自動車メーカーに対して「こういう仕様の車両が欲しい」、あるいは「この価格でないと買わない」とニーズを出すようになったとき、導入される車両数を考えれば、自動車メーカーはソフトバンクからの要件提示やコストを無視することはできないだろう。そうなれば、自動車メーカーをトップとする従来の主従関係が逆転してしまう可能性もある。

実際に主従が逆転した前例が航空業界にある。米GE（ゼネラル・エレクトリック）の航空用エンジンの話だ。ゼネラル・エレクトリックは航空機そのものを作っているわけではないが、航空用エンジンを製造している。それを購入し、組み立てるのがボーイングなどの航空機メーカーである。航空機メーカーは、完成した航空機を日本航空（JAL）や全日本空輸（ANA）といった航空会社に販売する。

ところが、航空会社は自社で航空機を所有せずに、リースすることが多い。そして、リース会社の1つにGEキャピタルがある。つまり、航空機メーカーにとってゼネラル・エレクトリックは航空用エンジンの供給元であり、同じグループのGEキャピタルは顧客でもあるのだ。そのため、ゼネラル・エレクトリックは航空機メーカーに対して「航空機を売りたいのならば、ゼネラル・エレクトリックのエンジンを使ってほしい」と要求することもできるのである。

これと同じことが、自動車業界でも起こる可能性があるということは誰でも容易に予想がつくだろう。トヨタ自動車やホンダは、これまで個人にクルマを販売し、収益を上げていた。しかし、ライドシェアサービスの普及で個人がクルマを所有しなくなれば、クルマの提供先はライドシェアプレイヤーに移行する。しかも、一度に数百台、数千台という単位で提供される大口顧客だ。

そのライドシェアプレイヤーを支配しているのがソフトバンク。ということは、ソフトバンクは自動車メーカーに対して、使うバッテリーやAIを出資している指定企業のものを使うよう要求することもできるということだ。そのくらい、ライドシェアプレイヤーが握っているポテンシャルは、自動車メーカーにとってインパクトがある。

あのトヨタ自動車が2018年10月にソフトバンクと「モネ・テクノロジーズ」を設立することを発表したことはソフトバンクのモビリティ業界における影響力の強さを物語っている。

ライドシェアプレイヤーの成長のボトルネックは車両

ライドシェア業界には、自動車業界に対して交渉力を高めたい理由が存在する。

ライドシェアプレイヤーは今、車両の供給不足に頭を抱えている。日本ではほとんど普及していないが、海外ではすでに広く利用されて需要過多となっており、車両が不足しているのである。このことがビジネス拡大のボトルネックとなっているが、実はこれが自動車業界に対して交渉力を強くしなければならない理由ともなっている。

このような事態に陥っている背景を探るため、ライドシェアサービスのビジネスモデルを振り返っておこう。

たとえば、ウーバーのプラットフォームでは、車両とドライバーをセットにして雇っている。車両はドライバーの持ち物であるから、ウーバーに登録するドライバーは「お金が欲しい＆車がある」というセグメント層になる。一方、ウーバーは車両を持たないことで、車両税や保険などの維持費がかからず、アセットフリーとなる。空いているクルマと空いた時間を使って稼ぎたいドライバーと、車両もドライバーも保有したくないというウーバーの思惑がぴったり合致したWin-Winの関係なのである。

ところが、この「お金が欲しい＆車がある」という、ウーバーにとって最適なセグメント層はほぼ狩り尽くしてしまい、残っているのは「お金が欲しいが車はない」というセグメント層となりつつある。だから、車両不足なのだ。

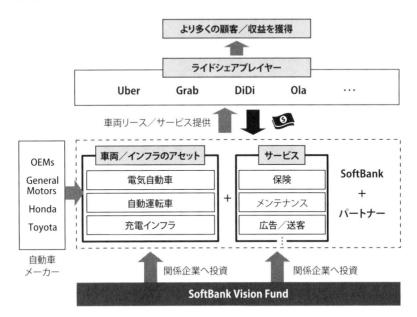

図37：ソフトバンクがライドシェアプレイヤーのビジネスを加速

(出所) アクセンチュア

　今後、ウーバーが成長を続けようとすれば、「お金が欲しいが車はない」セグメント層に車両を提供する必要がある。これは、ウーバーが車両を持つことを意味する。そうなれば、燃費のいい電気自動車や、人件費のかからない自動運転を選択するのは企業として当然だ。つまり、ウーバーが購入し、ドライバーに貸し出し、ドライバーから車両のリース料金をもらうというビジネスモデルに変わらざるを得ないのである。またそれらを実現することにより、保険やメンテナンス費などモビリティサービスに関連する費用をまとめて、マイルあたりの費用で提供するモデルへの発展も考えられる。

　そうなると、1つの可能性が見えてくる。航空業界でゼネラル・エレクトリックが展開しているように、ソフトバンクが車両調達をリードし、ツーバーやグラブにリースするという構図だ。その結果、自動車メーカーをトップとしてきた従来の自動車業界勢力図も塗り替えられる可能性が高くなる（図37）。

5-3
都市交通プラットフォーマーとしての破壊力

プラットフォーマーが大きな価値を提供できるモビリティ領域

　都市交通プラットフォーマーとなることのメリットは、自動車メーカーとライドシェアプレイヤーを結び付けるだけではない。ユーザーとライドシェアサービスをつなぐ役割も果たす。そうなれば、単にライドシェアサービスを提供するだけでなく、移動空間のなかにサービスを付け加え、そのプロフィットを刈り取ることも可能となる。このアプローチなら、どんどんサービスを太らせていくことができるだろう。あらゆる面から攻めようとしているグーグル擁するアルファベットとは対照的に、ソフトバンクはモビリティを基軸に膨らませる戦略を選択しているように見える。

　第38回定時株主総会で、孫氏は「自動車自体、もはや交通機関という観点で考えると1つの部品になる。むしろプラットフォームのほうがより大きな価値を持つ。かつてはパソコンがITの中核にいたが、パソコンのハードウェア自体もはやコモディティであり、1部品に過ぎなくなった。それを使うプラットフォーマーであるグーグルやフェイスブック、アマゾン、アリババ、Tencent（テンセント）などの企業が、プラットフォーマーとしてより多くの価値を持つ状況になった。われわれは交通機関という大きな分野のプラットフォーマーになる」[36]と語っている。

　SoftBank World 2018の基調講演でも、日本でライドシェア（相乗り）サー

36　ソフトバンクニュース「『群戦略』発明のきっかけは？ 第38回定時株主総会 速報レポート」2018年6月20日
　　（https://www.softbank.jp/sbnews/entry/20180620_01）

ビスが禁止されていることについて、「こんなばかな国がいまだにあるということが、僕には信じられない」と、国の対応を痛烈に批判している。そして、「(ライドシェアサービスで)需要を予測することによって、より交通の混雑が減り、より事故が減り、より需要と供給をマッチできるということが今アメリカや中国、欧州などいろいろな国で起きている」と、ライドシェアサービスのメリットを強調していた。

中国で都市交通インフラまで進化するライドシェアサービス

ライドシェアサービスの実態はどうなのか。実際に中国でライドシェアサービス事業を展開する滴滴出行のデータで検証しよう[37]。

登録ユーザー数：5.5億人
登録ドライバー：3,000万人
ライドシェアのトリップ数：100億トリップ規模／年間
走行距離：1.2億マイル（約2億km）／日
収集されるデータ量：100Tバイト以上／日

この数字を見れば、孫氏が「ソフトバンクは都市交通プラットフォーマーになる」と宣言したことも誇大広告ではないことがわかる。滴滴出行だけでも、1日1.2億マイル（地球5,000周に相当）の走行データが収集できるのだ。ドライバーの運転行動をモニタリングすれば、自動車メーカーにライドシェアサービスに適した車両要件を提供することなど容易だろう。安全運転に寄与する情報を収集することができれば、たとえば無事故無違反のドライバーは保険料を安くするといった保険サービスを提供することも可能となる。

また、5.5億人のユーザーと、彼らが利用した年間100億トリップから得られるトリップ情報、3,000万人のドライバーから吸い上げた車両データを都市の交通情報と連携させれば、都市交通の全容を把握することもできる。たとえば、どこが渋滞しているのか、なぜ渋滞しているのかなどがわかるの

---

37 SoftBank World 2018

だ。そうすれば、そのデータを信号と連携して渋滞に応じて信号を変えることもできるし、道路の車線を変更させることもできる。他のバスや鉄道の路線の本数を変えることもできる。

　滴滴出行は、走行データと都市交通を掛け合わせた次のような取り組みをすでに中国の20都市と提携して実施している。結果、一部の都市では渋滞が20〜30％緩和されたという。

- 移動需要をある一定区画のセルで把握して、その精度向上に機械学習を活用する。需要には、イベントや天候等の外部データも組み込んでいる
- 精度を向上させた移動需要情報を活用し、都市における「スマート信号」「走行方向を調整できる車線」「バス路線のデジタル化」「空港への交通改善」など、「スマートシティ管理システム」を構築する
- 自動車メーカー30社と提携し、ニーズ提供を実施。オートローンやリースのサービスへのインプットにもなっている

　滴滴出行のこれらの取り組みは、中国に限定されるものではない。おそらく、容易にグローバル展開できるものだ。

　ここまでで、ライドシェアサービスが単にタクシーに置き換わる移動サービスではなく、都市交通のプラットフォームとなり得るポテンシャルを持つものであることがご理解いただけたことだろう。

　そう遠くない将来、都市交通プラットフォーマーは自動車メーカーとそのサプライヤー、関連プレイヤーに対して優位性を持つと、われわれは考えている。その結果、車両製造の企画やリースのような車両付随サービスの取り込み、保険サービスから都市インフラとの連携まで、都市交通プラットフォーマーは数多くのプロフィットプールを保有することになる。

5-4
群戦略をつなぎ合わせた
ソフトバンクの戦い方

電気自動車と自動運転のシナジーが新しい価値を生む

　ソフトバンクの投資戦略には、ある1つの強者ではなく、強者につながるところへ有機的かつ組織的に投資をするという特徴がある。それがソフトバンクの競争優位であり、成長戦略だ。

　群戦略は今や、それぞれの事業のバリューアップを超えて、さまざまな事業をつなげて発展させるフェーズに差し掛かっている。その核となるのがモビリティであることは間違いなさそうだ。これを支えるために、ソフトバンクはこれからもどんどん群を増やしていくだろうし、今後もモビリティにつながるいろいろなものに投資していくはずだ。

　ライドシェアサービスだけでも、ソフトバンクがモビリティ領域の覇権を握る可能性は非常に高い。加えてSVFの存在がある。SVFはこれまで、個別事業として独立してポートフォリオ管理をしてきた。ここがシナジー創出のために有機的な投資をするようになれば、ソフトバンクのモビリティ領域における存在感はさらに強まるだろう。自動車業界の常識を引っ繰り返す破壊的イノベーションとなる可能性があるのだ。

　では、群戦略をつなぎ合わせて生まれるソフトバンクの破壊力はどこに向かうのだろうか。最後に、電気自動車と自動運転車が普及していくなかで想定されるシナジーを検討していこう。

EV化と自動運転化がライドシェアプレイヤーの成長を加速させる

　第1章で説明したように、技術的な観点から自動運転よりも電気自動車のほうが早く実現する。では、電気自動車が広く普及した世界とはどのようなものだろうか。

　その世界では、ライドシェアサービスが使う車両はもちろんのこと、個人が所有する車両も電気自動車に代わっている。そこでは、電気自動車がエナジーストレージとして活用され、充電・放電を組み合わせて対価を受け取るV2H、V2B、V2Gや、多様なエネルギー源がネットワークでつながり1つの発電所のようになるVPPが実現した世界だ。

　だが、そのためには充電インフラの整備が欠かせない。少なくとも、現在のガソリンスタンド並みに充電スポットがなければ、電気自動車への移行は進まないだろう。ここで、ADSLモデムを街頭で無料配布してYahoo!BBをトップに押し上げたときのように、ソフトバンクが積極的に充電スポットを各地に配置したらどうなるだろうか。

　各ライドシェアプレイヤーが個人にリースする車両を電気自動車にし、充電スポットを配置していけば、おそらく電気自動車の普及は一気に進むだろう。同時に、これはライドシェアプレイヤーの成長を加速する起爆剤にもなり得る（図38）。

　これらのインフラはライドシェアの車両が自ら使うことに加えて、個人で普及していくEV車両に対して提供することも可能となり、主要都市の充電インフラの満空状況や予測を含めて充電インフラの利用最適化をソフトバンクがコントロールすることも可能となる。加えて、つながっている車両のバッテリーを活用した地域や、電力会社へのエネルギーサービスへと拡大することも可能であり、個人やライドシェアプレイヤーへその対価を支払う（戻す）ことさえあり得る。サービスの利用料や車両のリース料、保険代などモビリティサービス関連事業以外でも収益を得られれば、ライドシェアプレイヤーの経営は安定し、持続的に成長できるだろう。

　さらに将来、バッテリーで動く自動運転車両の普及時には、これまでに築

図38：EV化や自動運転化を早期に実現させ企業価値を向上させる

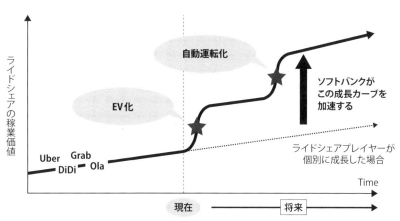

（出所）アクセンチュア

き上げた充電インフラをそのまま活用し、一気に自動運転サービスを投入することが可能となる。これによりライドシェアプレイヤーの収益構造はさらに改善することが可能となる。それは、現在のライドシェアサービスにおけるコストの6〜7割が人件費で占められているからだ。この人件費負担がなくなれば、ライドシェアプレイヤーの利益は大きく増加し、成長も加速される。

電気自動車×自動運転から生まれる新しい経済圏

ソフトバンクは、エネルギー領域にもすでに手を打っている。東日本大震災以降、安心・安全な自然エネルギーの普及・拡大を図ることを目的として、ソフトバンクとSBパワーが電力サービス事業を、SBエナジーがメガソーラーと風力発電事業を展開している。

また、自動運転については前述したクルーズオートメーションをはじめ、自動運転に必要なAI、ソフトウェア、ハードウェアもすでに獲得している。これらをソフトバンクグループがレバレッジすれば、次のようなモビリティ世界をソフトバンクが作り上げることも夢ではない。

ニューヨークのマンハッタンでは、ウーバーの自動運転車両がそこかしこに走行している。その自動運転車両はゼネラル・モーターズ製だ。この車両はウーバーだけでなく、滴滴出行やグラブ、オラにも供給されている。
　ソフトバンクが出資するゼネラル・モーターズがまとめて量産化し、低コスト化を実現した車両だ。世の中のどこよりも価格競争力がある自動運転車両である。また、市街中心部のあちこちには、急速充電器が高密度で配置されている。これらもウーバーと行政が提携し、SVFが出資している充電機器／バッテリー関連企業の製品やサービスをソフトバンク側で導入したものだ。
　ウーバーは自動運転や電気自動車の充電プラットフォームを個人や他の法人の車両の充電にも開放し、収益を得ている。急速充電器内にはより高速で充電するためのバッテリーが内蔵されており、車両が接続されていない間は、地域の電力の調整力ともなっている。
　これらのインフラを全体の車両や人の動きを予測しながらマネジメントしているのも、ソフトバンクが出資しているサービス・プロバイダーだ。つまり、ニューヨークにある充電器につながっている車両はすべて、ソフトバンクグループが何かしらマネタイズしているのだ。
　だが、すべての車両が自動運転となっているわけではない。まだガソリン車も走っている。ただし、ガソリン車はすでに製造していないため、多くは中古車だ。そして、ライドシェアで使ったもの、ライドシェアに使うものも含めて、その圧倒的な規模の中古車市場を支配する企業にもソフトバンクは出資している。
　さらにソフトバンクは、ニューヨーク市から地下鉄やバスといった他の交通情報の情報も得て、都市全体の渋滞解消や信号機調整をする都市交通プラットフォームを提供している。その都市交通プラットフォームは、全世界から供給を依頼されている状況だ。

　もし、この未来予想が実現したのなら、ソフトバンクは現在のライドシェアサービスに加えて、他の交通インフラと連携し、都市における充電インフラを整備し、それらを利用したエネルギービジネスをつなぎ合わせ、都市交通情報も取り入れるプラットフォーマーと化すだろう。そうなれば、自らのサービスへの価値向上だけでなく、個人や他サービス・プロバイダーにとっ

ても必要不可欠なインフラとなり得る。

　これらサービスの提供を実現、あるいは構築する間にも、SVFの圧倒的な資金力を武器に、次々生まれる新たなサービスや技術への投資は続く。さらなるシナジー創出に向けた"原石"を見つけていく。この正の循環サイクルを回すことで、ソフトバンクはモビリティ領域で持続的な競争優位を獲得する可能性がある。

第6章

CASE時代における自動車メーカーのモビリティ戦略

　第4章と第5章で、グーグルとソフトバンクというデジタルプレイヤーの勝ち組がともにモビリティ領域へ進出しようとしていること、およびその戦略を見てきた。100年以上にわたって製造業を牽引してきた自動車業界であっても、何もしなければ価値をディスラプトされてしまう可能性もある現状において、各自動車メーカーは生き残りと将来の成長をかけて新たな戦略を模索している。

　業界の枠を超えた競争と協調の拡大に伴い、産業構造・競争構造はますます複雑化していくだろう。デジタルトランスフォーメーションがもたらす環境変化に、自動車メーカーを頂点とする自動車業界はどう対応していくのか。

　本章では、"移動"を主戦場とする自動車メーカーやタクシーなどの既存プレイヤー、新規参入してきたIT系モビリティプレイヤーの動向を探るとともに、モビリティビジネスの将来を概観。

　自動車業界が直面する戦略課題の中で、特に今後大きな変化が想定される「モビリティ」領域、特に「ヒトの移動」において、新たに参入し事業をIT系モビリティプレイヤーの動向も踏まえた事業環境・競争環境の変化を概観した上で、自動車メーカーにとっての脅威やその対応の方向性を探る。

6-1

激変するビジネス環境で自動車メーカーが取り得る戦略

サービス進出と車両提供の2つの選択肢

　2018年10月、トヨタ自動車とソフトバンクがモビリティ領域で提携、共同出資会社の設立を発表した。その後、2019年3月に本田技研工業や日野自動車が参画を表明。これらの提携が象徴するように、自動車業界はデジタル化・サービス化の潮流の中で、ビジネスモデルやパートナーシップの転換を余儀なくされるところにまで追い込まれている。

　現時点における自動車メーカーの戦い方は大きく2つに分かれる。1つは、これまで自動車メーカーとして蓄え今後もさらに高めていくモビリティ領域のノウハウを徹底的に生かしながら、デジタル化サービスに進出する「サービス・プロバイダー戦略」。そして、もう1つは自動車メーカーとしての立ち位置を崩すことなく、そのようなサービスが普及する世界においても価値ある車両の提供にフォーカスする戦略。いわば、「餅は餅屋」理論で、ハードウェアとサービスで相互に役割分担し、それぞれの領域で価値の最大化を図ろうという戦略だ。

　モビリティサービスへの参入を表明していない自動車メーカーもあるが、CASEの進展により従来の所有を前提とした市場は崩れつつある。本章では自動運転が実現したモビリティサービス市場において自動車メーカーはどのような戦い方をしていくのか、まず主な自動車メーカーの動きを概観する。

サービス・プロバイダーを目指すGM、VW、ダイムラー

　「サービス・プロバイダー戦略」の代表として挙げられる自動車メーカーとしては、ゼネラル・モーターズ（GM）とフォルクスワーゲン（VW）、ダイムラーがある。彼らは、デジタルプレイヤーが先行するモビリティサービス市場において、自らも同様なサービスを提供して対抗しようとしている。

　都市部では現在、カーシェアリングに代表されるように車両の「所有から利用」への移行が顕在化しつつある。それを考慮して、ゼネラル・モーターズCEOは、モビリティサービスに取り組む姿勢を打ち出した。個人間のカーシェアとレンタカーを組み合わせた新たなモビリティサービス「メイブン（Maven）」の展開だ。

　「メイブン」は、自分の所有する車両を貸して利益を得たい個人と、車両を利用したい個人の貸し借りを仲介するサービスで、ウーバーと同様のビジネスモデルである。ゼネラル・モーターズが「メイブン」を開始したのは、サービス用車両を固定資産として保有し続けなくてもモビリティサービスを提供できること、自動車メーカーとして個人向けの車両販売を継続しながら追加的にモビリティサービスからの収益も狙えるところが大きい。

　フォルクスワーゲンも、個人が保有する車両台数はこれから減少していくだろうと考えている一社だ。同社では、自動運転の実現によって、クルマを保有する人々の考えに変化が起きると考えている。クルマを移動のための道具であると割り切る利用者のなかでも、車両を持たず使いたいときに使えればいいという層がより増えていくだろうと推測しているのだ。

　この考え方の下で、フォルクスワーゲンは「モイア（MOIA）」というサービスを展開する。「モイア」は電気自動車を活用して、利用者のニーズを全方位で捉える統合的なモビリティサービスで、カーシェア、ライドシェア、レンタカーなど各種モビリティサービスを組み合わせて提供する。2025年までに世界のモビリティサービス・プロバイダーの上位3位内に入ることを目標としており、フォルクスワーゲンの本気度が読み取れる。

　これらの2社に対して、ダイムラーは自社サービスとして展開するだけでなく、他社とも協業する。フランスのレンタカー会社Europcar社と合弁会社

を設立、都市部で「car2go」という乗り捨て型カーシェアリングサービスを提供する。2008年にサービスを開始した「car2go」はすでに一部都市では黒字化を達成しているといわれており、さらなる拡大を目指して「car2go」を完全子会社に切り替えた。また、ダイムラーはグループにドイツ発祥のタクシー配車サービス「mytaxi」を提供するMytaxiも傘下に持つ。そして2019年12月には、BMWとカーシェアリングやライドシェア、駐車サービス、電動車の充電などのモビリティサービスを運営する会社の統合を発表した。急速なペースで世界のモビリティ市場を席巻するウーバー等の新興勢力に対抗するための、自動車メーカーとしての強い姿勢が窺える。

自動運転とライドシェアを軸にした投資戦略

　一方、車両提供に伴う価値にフォーカスする自動車メーカーは、ライドシェアプレイヤーや自動運転などの先進的な研究開発をしているITジャイアントとの提携・投資を積極的に進めている。

　第4章で触れたように、ボルボ、アウディ、ルノー・日産・三菱連合はグーグルと提携、車載インフォテイメントシステムにグーグルのAndroid Automotiveを搭載する予定だ。

　また、アルファベットの子会社ウェイモと自動運転技術で提携協議していると発表していたホンダも、2018年10月に今度はゼネラル・モーターズと提携。同社の自動運転車部門であるGMクルーズホールディングスに7億5,000万ドルを出資した。今後12年間で、約20億ドルを追加投資する予定だ[38]。

　ライドシェアプレイヤーと自動車メーカーとの提携も加速している。トヨタ自動車は、ウーバーやグラブなど各地域でトップシェアを握るライドシェアプレイヤーと提携、2018年には相次いで大規模に出資もした。さらに、それらスタートアップに早期から投資してきたソフトバンクとも協業することで、モビリティサービスとの距離を急速に縮めている。ただし、トヨタ自動車は現時点では自らサービスを展開する策を打ち出しているわけではない。

38　ホンダ、米GMクルーズに27.5億ドル出資　自動運転分野で提携、2018年10月4日
（https://jp.reuters.com/article/gm-autonomous-idJPKCN1MD1ZG）
なお、GMクルーズホールディングスにはソフトバンクも出資している

サービス領域そのものよりは、これまで発表してきているように、「e-Pallete」というモビリティサービスに向けたクルマの開発も進めるなど、コネクテッドカー（の根幹部分）を軸とした戦略への意思がみられる。日本交通をはじめとするタクシー会社へのコネクテッドカー「JPN TAXI（ジャパンタクシー）」の提供も基本的には同様にサービスプレイヤーへのコネクテッドカーの提供というスタンスである。

　ライドシェアプレイヤーに出資する自動車メーカーはトヨタ自動車だけではない。自らモビリティサービスを提供するゼネラル・モーターズはアメリカ第2位のライドシェアサービス企業のリフト（Lyft）に、フォルクスワーゲンはイスラエルのゲット（Gett）にそれぞれ出資している。自動車メーカーも、シェアリングサービス市場へ何らかの布石を打っておきたいという意向がみられる。

6-2
CASE時代のモビリティサービス

「呼べばすぐに来る」が好循環を生む

　第2章で、モビリティサービスはいずれロボットタクシーに集約されていくだろうと述べた。これまで、クルマというモノを作り、販売してきた自動車メーカーが、デジタルという形のないモビリティサービスを自ら提供していくにはどうしたらいいのか。競争優位を獲得するデジタルプレイヤーへの対抗や共存共栄は可能なのか、できるとしたら、どのような戦略があるのか。これを解き明かすには、モビリティサービスが「ネットワーク外部性」という市場原理の下に構成されていることを理解する必要がある。

　ここでまず、現在のモビリティサービスの仕組みがどのようになっているのかタクシーを例に確認していこう。日本の都市部では、駅前にもタクシーは停まっているし、主要道路には多くのタクシーが流しで走っている。そのため、電話で呼び出す必要はあまりないが、海外や日本での地方部ではタクシーは電話で呼び出すことが多い。

　タクシーの乗客は、すぐに移動したいからタクシーを呼ぶ。そのため、呼べばすぐに来るタクシー会社に好印象を持ち、次も利用したいと思うようになる。利用回数が増えれば、そのタクシー会社の業績は上がり、ドライバーの収入も増える。そうすれば、ドライバーも集まるようになり、タクシー会社は配車数を増やすことができるという正のサイクルが回っていく。

　たとえば、日本最大のタクシー会社である日本交通を母体とするJapanTaxiは現在、日本全国のタクシーを呼べるタクシー配車アプリ「JapanTaxi」を提供している。同社は、全国のタクシーの約3割のタクシーに当たる約7万台を

ネットワークし、「呼べばすぐ来る」状態を作り出した[39]。実際にJapanTaxiアプリを使ってタクシーを呼ぶ人は全体のおよそ10％程度だが、この状態を作ると、タクシーの利用が促進される。

ここで重要なことは、「呼べばすぐ来る」を実現することだ。呼んでもすぐにタクシーが来なければ、このアプリを使う人は増えない。どれほどアプリの完成度が高くても、スムーズな課金が可能でも、ドライバーの対応が丁寧だったとしても、利用されないのだ。

CASE時代のモビリティサービスはネットワーク外部性で強化される

同じことは、モビリティサービス全般にも言える。つまり、「呼べばすぐ来る」という状態をいかに早く構築できるかが勝負の分かれ目になるということだ。ここにネットワーク外部性という効果が加わり、通常のマーケットシェア争い以上に逆転が困難な状態がつくられる。

たとえば、ライドシェアサービスではドライバーがいて、それを使うユーザーがいる。ドライバーはライドシェアサービスのユーザーを増やしてより収益を上げたいし、ユーザーは目的地まで早く安く移動したいと思っている。そこで、呼べばすぐ来るライドシェアサービスをより多く使うようになる。一方、ドライバーは呼んでもらうと収益が上がるので、より呼ばれるライドシェアサービスが選択され、しかも呼ばれやすいエリアに集中する。クルマが増えれば、呼んですぐ来るライドシェアサービスがさらに加速されるようになる。

こうしたサイクルが生まれるので、モビリティサービスは、早く始めて早くドライバーを獲得し、好循環の最初のひと転がしを始めたプレイヤーが後から参入するプレイヤーよりも圧倒的に有利になるのである。

裏返せば、呼んでもなかなか来ないタクシーやライドシェアサービスは、今後どんどん使われなくなっていくということだ。タクシーやライドシェア

---

39 JapanTaxiリリース
(https://japantaxi.co.jp/news/cat-pr/2018/08/30/app.html)

サービス以外でも、モビリティサービスのなかには、もっと安価でしかも所要時間が安定しているバスや電車のような公共交通なども存在する。タクシーやライドシェアで唯一のサービスになれたとしても、そのサービス品質を維持できなければ、他のモビリティサービスに利用者を奪われることになる。

先行プレイヤーが圧倒的に有利になる

　IT時代のモビリティサービスは、サービス品質を保持し続けられるならば、後から市場シェアを逆転することは難しいと述べた。だが、まったく逆転できないわけではない。

　たとえば、先行プレイヤーが市場シェアを獲得しているエリアで、後発プレイヤーがインセンティブを払ってドライバーを集めたとする。個々のドライバーの努力や稼ぎにかかわらず、同等のインセンティブを投下して「呼べばすぐ来る」世界を作ると同時に、大々的に広告を打ってユーザーにも認知してもらえば、逆転の可能性も出てくる。

　理論的にはそうだが、先行プレイヤーがそのままシェアを奪われたままにしておくはずがない。後発プレイヤーの動きを察知したとき、先行プレイヤーはサービスが着目されていることをチャンスと捉え、インセンティブを追加し、さらなる市場シェアの拡大を狙うかもしれない。その後はインセンティブ投入のイタチごっこが続くため、結果的には、すでに市場シェアを獲得している先行プレイヤーがさらに有利な市場ポジションを獲得することになる。後発のサービス事業者や自動車メーカーが、先行プレイヤーと同様なモビリティサービスを投入しても後から逆転することが難しいと考えられる背景には、こうした状況が察せられるからだ。

　実際、北米でナンバーワンの個人間カーシェアリングサービス「Turo（トゥロ）」と、ゼネラル・モーターズが新しく始めた「メイブン」とでは圧倒的な差がついている。個人間カーシェアリングをユーザーからすると、使うシーンに合わせてさまざまな車両が選べるカーシェアリングは、ある程度車種が限定されるレンタカーとではまったく異なるサービスに見える。これが、個人間カーシェアリングサービスのユーザーにとっての差別化された価

値となる。ユーザーを多く獲得できるサービスには、「このサービスに自分のクルマを登録したほうが、ユーザーが多いから収益が上がりやすそう」とクルマのオーナーは考えるため、そこにはより多くのクルマが集まる。このサイクルの循環が「Turo」の競争優位になる。これもネットワーク外部性が効いているからである。

逆転の難しい市場シェアに苦戦しあらゆる手を打ってもうまくいかないとき、後発プレイヤーは撤退・事業売却の判断を検討することもある。それは大手モビリティサービスプレイヤーも例外ではない。ウーバーは東南アジアでグラブに事業を売却し、中国では滴滴出行に事業を売却した。どれほど資金力が豊富で、1回の資金調達で数百億円を調達できるウーバーですらも、後発からの逆転は難しいのだ。

逆転の可能性が出てくるとすると、たとえば、先行プレイヤーの品質が下がってきたタイミングがあり得る。しかし、そのタイミングで急遽進出してもすでに遅いため、チャンスが来た際に逆転を狙うためには、厳しい戦いだとわかっていながら何らかの形で参入しておくことが必要となる。

自動車メーカー×ITジャイアンツ

先行するプレイヤーは、斬新なビジネスモデルと資金調達力を使ってモビリティビジネスの立ち上げを図っている。第5章で述べたように、ソフトバンクはモビリティサービス分野に莫大な投資をすることで市場の早期成立を推進している。ソフトバンクグループや出資先企業の各社が持つAI技術、ロボット技術、画像解析技術と通信インフラを組み合わせ、モビリティサービスとしてまとめあげることで、自動運転モビリティサービスの世界を構築することを狙っているのだ。

また、ITジャイアントであるアルファベットも、圧倒的な資本力に加え、刻々と貯まっていく情報を使ってモビリティサービス拡大の波に乗ろうとしている。自動運転モビリティサービス「ウェイモ」は、2018年4月時点でアメリカの6州、25都市で公道テストを実施している。公道テスト用の試験車両は約600台あり、1日当たり約1万マイルを走行している。2018年7月には、総走行距離が800万マイルを突破した。

こうしたITジャイアンツの動きに対して、自動車メーカーが対抗し得る強みは何か。

　1つは、安全で安心なクルマを作ること。クルマに関する知識、そしてクルマを製造するノウハウ、これらはITジャイアンツに絶対負けないものだ。アルファベットの技術力をもってしても、ソフトバンクがどれほど資金を投下しても、巨大なバリューチェーン、精緻なサプライチェーンによってのみ成り立つ、クルマそのものの開発・製造は容易なことではないのだ。

　そうであるならば、自動車メーカーは、クルマというハードを武器に戦う方向性を目指すという戦略もあるだろう。クルマの開発・製造とその供給を牛耳ることで、モビリティサービスをコントロールするのである。クルマは、クルマを用いたモビリティが存在し拡大する限り、その中で不可欠な要素であることに変わりはない。どのような使われ方であれ、それを世の中の要請に応える最高のもの（最大の価値を認められるもの）として提供していくことは、市場原理の中で自動車メーカーの狙うべき1つの方向性と言えよう。

　ゼネラル・モーターズなど一部の自動車メーカーはモビリティサービス市場に進出しようとしているものの、サービス領域ではアルファベットやグーグルの情報力、ソフトバンクなどの資金力には負ける可能性も高い。自動車メーカーにとっての最適なポジショニングを戦略的に定めていくことが重要である。

6-3
自動運転の実現がモビリティ領域の ビジネス環境を変える

自動運転の実現でリセットされるネットワーク外部性

　前節までで、CASE時代のモビリティサービスは「ネットワーク外部性」により、後発プレイヤーによる逆転は厳しいと述べた。だが、CASEが進行していけば、実は逆転できる局面が出てくる可能性もある。そのカギとなるのが自動運転だ。

　自動運転が実現し、ドライバーが運転するライドシェアサービスやタクシーなどのモビリティサービス（以下、「有人モビリティサービス」）からドライバーレスのロボットタクシーに移行すると、ネットワーク外部性がリセットされ、先行プレイヤーの優位性が崩れる可能性がある。

　ただし、その可能性は、ユーザーがロボットタクシーをどう捉えるかで変わってくる。もし、ユーザーの多くがロボットタクシーを有人モビリティサービスの延長上のサービス、つまり同一のサービスの中のバリエーションと認識すれば、先行企業の優位性は維持されるだろう。一方、ユーザーがロボットタクシーを有人モビリティサービスとは異なるサービスであると認識すれば、異なる領域で戦うことになる。その場合、サービス運営企業はロボットタクシー用のユーザー基盤を構築する必要があるので先行優位性はリセットされ、企業間の競争は一からの戦いとなる。

　そこで、ここではロボットタクシーが現実になったとき、ユーザーがどう捉えるかを考えてみる。有人モビリティサービスとロボットタクシーは、どちらもドアツードアもしくはポイントツーポイントの移動サービスだ。ユーザーの「目的地へ簡単に早く到着したい」というニーズに対しても、同等の

技術を持つと仮定するならば限りなく同一となる。つまり異なるのは、人間のドライバーがいるか、いないかの1点のみということになる。

● 有人モビリティサービスとロボットタクシーは同一のサービス

では、先行するライドシェアプレイヤーがロボットタクシー事業を始めるとどのようなサービスになっていくだろうか。たとえば、タクシーに乗るために配車アプリを開くと、有人ライドシェア、ロボットタクシーを区別せず周辺にいる車両が表示され、状況に応じてあるときは有人ライドシェアが、あるときはロボットタクシーが配車されるということになるだろう。

ユーザーの意思でどちらにするかの選択はできるかもしれないが、ユーザーのニーズは目的地へ早く着くことなので、配車されるクルマが有人か無人かは問わないだろう。

● 有人モビリティサービスとロボットタクシーは別々のサービス

一方、有人モビリティサービスとロボットタクシーがまったく別物として捉えられる、あるいは当初は有人モビリティサービスとロボットタクシーが分離されるような規制が採用されるような場合は、有人モビリティサービスの配車とロボットタクシーの配車は、別のプロセス、見え方で提供される異なるサービスとして認識されるだろう。

この場合、ユーザーはたとえば有人モビリティサービスを呼ぶときはウーバーのアプリを開き、ロボットタクシーを呼ぶときはゼネラル・モーターズのアプリを開くというように、ユーザーが自ら選択することになるだろう。つまり、ネットワーク外部性がリセットされる。ユーザーにとっては不便な仕組みとなってしまうが、ロボットタクシーがドライバーの仕事を奪うようなことが顕著になれば、あるいは安全走行のために特別なルールが必要と認識されれば、このような規制も現実性が高まる。

ロボットタクシーの差別化要因

また、このような規制がなくても「乗車体験が素晴らしい」「価格が安い」などの差別化要因を強調すれば、ロボットタクシーと有人モビリティサービ

スが別々のサービスであると認識してもらうことは不可能ではない。特に乗車体験は、有人ライドシェアサービスや有人タクシーとは異なった視点から訴求できる要素だ。

●車内体験で差別化する

ロボットタクシーの最大の特徴は、ドライバーがいない完全プライベートの空間であることだ。1人きり、もしくは数人（車両の人数制限による）だけで移動できるということは独特の体験を提供できる可能性を高める。第三者の存在を気にする必要のない移動空間としてビジネスやプライベートでの利用シーンが広がる。その点で差別化することは十分に可能となる。

ただし、モビリティサービスのユーザーは、「いますぐに移動したい」と思っていることが多い。その目的を実現するために、他の公共交通機関や徒歩ではなく、モビリティサービスを選択しているのだ。このような利用シーンにおいては、「車内の体験が素晴らしい」というだけでは差別化しにくいかもしれない。仮に、車内体験で差別化したいのであれば、万人には適合しなくても、移動できるプライベート空間を何よりも最優先する顧客層をアーリーアダプタとして事業を立ち上げていくことが望まれる。

●価格を訴求する

差別化要素としては、価格訴求という側面もある。人は同品質で同じ商品・サービスならばわざわざ高額なものを選ばない。ロボットタクシーは有人モビリティサービスよりも安価に提供することができる。ドライバーの人件費が不要になるため、自動運転を実現するための開発費や装備がコスト上昇要因になるものの、それを相殺して走行距離当たりの料金を下げられる可能性があるからだ。

つまり、ロボットタクシーがユーザーの「呼べばすぐ来る」というニーズを満たし、有人モビリティサービスよりも安ければ、有人モビリティサービスよりも選ばれる可能性が高くなり、競争優位を確保できる。

ただし、有人モビリティサービスとの差別化に成功したとしても、それで安泰なわけではない。なぜならば、ロボットタクシー市場は新規参入が比較

的容易で、激しい競争環境になりやすいからだ。

　ロボットタクシー事業はドライバーを確保する必要も、ドライバーの教育も必要ない。自動運転車両とそれらをユーザーに合わせて制御するプラットフォームを用意すれば、すぐにサービスを開始できる。ライドシェアサービスですでにブランディングできている先行プレイヤーも、ロボットタクシー事業に参入してくるということだ。ブランド力のあるタクシー会社やレンタカー会社も参入してくるかもしれない。プライベート空間のラグジュアリーなクオリティで差別化するプレイヤーの参入可能性だけでなく、価格でも差別化を図るプレイヤーも出てくるだろう。そうなれば、激しい価格競争となる（詳しくは次節を参照）。

　コストやサービス品質の面で競合の動きに対抗策を打ち出せない場合、モビリティサービスの戦いには勝てない。競合が出してきたカードに対して、対抗カードを出し続ける柔軟な対応が必要となる。

車両の性能差だけでは差別化できない

　ここまで、自動運転によるモビリティサービスの変化の方向性を見てきたが、これはロボットタクシーに使用されるクルマの性能が同等であるという前提だった。では、クルマの性能に違いがあるとしたら、ロボットタクシーの戦い方は変わるだろうか。

　まず、どれほど自動運転が普及したとしても、乗り心地にこだわる消費者は存在するだろう。そういう人を対象にするならば、車両の性能差は差別化要因となる。

　だが、単にクルマで移動したいだけの人が車両の違いを正確に理解して、「この車のここが最高だからこのタクシーを利用しよう」と思うことはまずない。たとえば、次の打ち合わせへ移動する際、ほとんどのビジネスパーソンは空車のタクシーが近づいてきたら、そのまま乗り込む。車内の掃除が行き届いていなかったとしたら嫌だと思うこともあるかもしれない。しかし、せいぜいそう思うぐらいで、見送って別のタクシー会社を選ぶようなことはしない。同じようなサイズ・車格で、同じような乗り心地であれば、乗客は車種やメーカーなどにこだわらないことが多いはずだ。

そういう意識は、自動運転になったとしても変わらない。ただ、たとえば、センサーデバイスや車両制御の精度によって事故率に差が生じる場合には、事故率が低いメーカーが選ばれるかもしれない。しかし、安全性能にほとんど差がなければ、クルマの性能差だけで勝つのは難しいと思われる。

自動車メーカーの戦い方①
車両供給力を強みとして自らロボットタクシー事業を立ち上げる

　自動運転車が解禁となり、ロボットタクシーが提供され始めると、実運用に合わせて車両調達時の購入意思決定の重要ポイントも変化する。初期段階は、価格よりもどれだけ短期間で車両を調達できるかが重視される。ロボットタクシー事業では、「呼べばすぐに来る」世界を実現することがサービスの原点となるからだ。これは、新たな地域にサービスエリアが拡大するたびに発生する。したがって、当分の間、調達量を確保するために供給メーカーの生産数量を自社用に振り分けてもらうことが、サービスの供給量つまり市場シェアの鍵となる。

　過去の流れからすると、自動運転車の解禁は特定エリアから始まるだろう。このとき、その解禁エリアに集中して、「呼べばすぐ来る」世界を実現するのに十分な台数の車両を確保できれば、そこでのシェアの獲得とブランディング確立は完成する。一方の先行プレイヤーは資本調達にある程度の時間が必要となるだろうし、そうなれば車両の調達にも手間取る。その間に、自動車供給者自体である自動車メーカーが先にロボットタクシー事業を開始できれば、先行プレイヤーを一気に引き離せる可能性がある。つまり、自動車メーカー優位に立つというシナリオもあり得るということだ。

　しかし、そうした自動車メーカーの動きを、先行プレイヤーが黙って見ているはずがない。おそらく短期間で資本調達をして、世界中から車両を確保してくるだろう。すでにユーザーにとってブランドが確立していて、顧客を保有している点においては、先行プレイヤーのほうが競争優位にある。既存のライドシェアサービスの延長にロボットタクシーを位置づければ、有人・無人のモビリティサービスを取り混ぜて提供できるため、自動車メーカーとしては、ロボットタクシーを「別のサービス」と位置づけられるような制度

面、ユーザー認知面での動きも同時に進めることが求められるだろう。

自動車メーカーの戦い方②
得意分野である保守・運用で差別化する

　その後ロボットタクシーの普及が進んでくると、競争は市場獲得から収益に重点がシフトするだろう。こうなるとコストの重要性が高まる。具体的には、車両調達コストと単位距離当たりの保守・運用コストの低減が求められるようになる。特に、保守・運用コストは日々の収益に直結するため、サービス運営企業としてはその効率化がサービスの品質とコスト競争力を左右する。

　この保守・運用はすでに全国で保守・メンテナンスをサービスとして提供可能なディーラーネットワークを保有している自動車メーカーが強みとする部分であることから、電費（もしくは燃費）の軽減やバッテリーなど消耗品の長寿命化、スピーディで的確な整備による稼働の最大化を図ることのできる領域などを含め、メンテナンス費用を軽減する技術開発や体制整備には先行着手が望まれる。現在の技術開発やアフターサービスの延長でもあることからそれほど大きな負担にはならないし、やらなければ競合に車両の供給を奪われる可能性が高まるからだ。

　保守・運用コストの低減には2つの考え方がある。1つは、コネクテッドカーから得られる各種データを元に、最適なタイミングでメンテナンスを実行するプロセス・体制作りを目指すものだ。

　もう1つは、運用・保守コストだけではなく、ファイナンス・リースやメンテナンス、エネルギーマネジメントといった周辺利益も取り込み、実質的な車両価格を下げるというもの。特に、先行するライドシェアプレイヤーがロボットタクシー事業に参入する場合、車両の保有というアセット面の課題が発生することは避けられない。この課題を解決するためにも、効果的なファイナンスプログラムやその体制を作っておくことは、車両供給面やコスト面での競争力に直結する可能性がある。

　自動車メーカーはすでにキャプティブファイナンス（販売金融子会社）の仕組みを持っているため、その中のひとつのプログラムとして適用すること

で実行可能だ。モビリティプレイヤーも資産を保有する必要がないので、資金調達面での課題やバランスシートへのマイナスのインパクトを回避しながらロボットタクシー事業を進めることができる。

　ファイナンスだけではなく、保守に関しては既存の系列ディーラーのアフターサービス体制との連携を強化しておきたい。たとえば、車両が非稼働のときに車両を預かり、メンテナンスの終了と同時に稼働状態にすることで車両の非稼働時間を低減することができるが、これは既存のサービス網でも十分に対応可能だろう。

　最後のエネルギーマネジメントであるが、これはロボットタクシーに使用されるクルマがEVである場合に実現できるモデルだ。前述のように、車両の非稼働時間のプラグイン状態で、電力グリッドやビルディングに電力容量や調整力を提供する「V2G」や「V2B」の提供で新たな収益を獲得する。オフィスや他のクルマへの電力提供で、エネルギーの最適利用を図ることも可能だ。

6-4
日本における
モビリティサービス市場の今後

活発化するモビリティ領域の新規参入者

　最後に、日本市場におけるシナリオを考えてみる。現在、日本のモビリティサービスは、規制によりタクシー会社やレンタカー会社が強い立場にある。また、自動車メーカーとこれらの企業との関係も強固だ。自動車メーカーは車両、タクシー会社やレンタカー会社はサービスと、ビジネス領域も明確に分かれている。

　それでも、高度な配車サービスのような新たなモビリティサービスへのニーズが高まり、その領域にウーバーのような海外の先行プレイヤーが参入してくるような状況になれば、既存のタクシー会社やレンタカー会社、特にタクシー会社とは熾烈なシェア争いになるだろう。そうなる前に、タクシー会社自体が新たなモビリティサービスに先行して参入し、事業基盤を固めておくという戦略もあり得るだろう。

　こうした動きとして、日本交通の「Japan Taxi」、ソニーが主導して設立した「みんなのタクシー」、ソフトバンクと滴滴出行の合弁会社「DiDiモビリティジャパン」などがある。彼らは、規制緩和時のスケールアップや、将来のロボットタクシーへの布石の意味もあって配車アプリの展開を進めている。

　「みんなのタクシー」は2018年9月に事業会社に移行、AIを活用してグリーンキャブ、国際自動車、寿交通、大和自動車交通、チェッカーキャブのタクシー車両を配車する。「DiDiモビリティジャパン」は、2018年9月に大阪でタクシー配車サービスを開始。中国、香港、台湾からの旅客を中心に、中国語と日本語のテキスト翻訳といった顧客サポートをつけたサービスを提

供している。

　日本交通は、トヨタ自動車が開発したコネクテッドカー「JPN TAXI（ジャパンタクシー）」の導入を加速し、車両がいつどのエリアのどのようなルートを走行したか、その際に乗客を乗せていたかを可視化できるようにした。車両呼び出しをこれまでの電話から配車アプリ「Japan Taxi」に切り替えることで、乗客の出発地と目的地、そして時間と天候をデータとして蓄積できる。タクシーという既存サービスのまま、需要のある場所データを集め、サービス品質の向上につなげようとしているというわけだ。

　一見すると、バックオフィスやドライバーの生産性向上、ユーザーの利便性向上の打ち手に見えるが、それだけでなく、得られたデータをしっかりと解析することでベテランドライバーの頭の中にしかなかった情報がデータ化され、蓄積されている。ロボットタクシーの時代になれば、これまでのライドシェアとは異なり、事業者が車両を保有して実施するサービスとなる。つまり、現状のタクシー事業者の事業モデルに再度近づくことになる。その時代も見据え、ユーザーおよび需要の把握、最適な配車のアルゴリズムを構築しておくことで、着々と基礎固めをしているという見方も可能だろう。

日本市場の勝者が決まるのは数年後になる

　海外の多くの市場ではモビリティサービスにおける勝敗がすでに決しつつあるが、日本市場ではまだ勝者が決まっていない。これは、ネットワーク外部性の効果がグローバルでなく、ローカルデータで発揮されるからだ。

　ライドシェアプレイヤーに限らず、自動運転のロボットタクシープレイヤーも実データを収集しているが、これは単に地形や道路の情報だけを集めているわけではない。渋滞しやすい場所や天候による混雑度合いなど、ベテランのタクシードライバーが長年の経験で蓄えてきたような情報も収集している。それは、サービスを提供するエリアごとにローカルデータが必要となるからだ。

　たとえば、サンフランシスコに雨が降ったときにタクシー需要が急増する場所があるとする。そのデータを解析すると、雨が降ると駅とビジネス街でタクシー需要が高まることが明らかになる。では、このデータを他の国・地

域、たとえば東京にも適用できるかというと、参考にはできても需要データそのものは使えない。どこにいつ車両を送れば、発生する需要を最も効率よくカバーできるかは地域によって異なるからだ。

確かに、「サンフランシスコでは雨が降ったら駅とビジネス街でタクシー需要が高まるから、東京でも駅とビジネス街で需要が高まるはず」という見方は正しい。だが、それだけではまったく意味がない。重要なのは、たとえばそれが丸の内だったり、東京駅といった具体的な場所の情報なのだ。

DiDiモビリティジャパンがすでにサービス開始したように、ウーバーも一部のタクシー会社と連携してタクシー配車サービスを提供している。ウーバーは、ライドシェアサービスについても、淡路島や京丹後市で実証実験を始めようとしている。

だが、ネットワーク外部性の効果を考えても、海外の大手プレイヤーが日本市場に参入したとしても、需要と供給の両輪を一気に拡大することは難しい。季節変動も考慮すると、データを蓄積し全体を最適化するには少なくとも2年はかかると言われているからだ。

"有人"の付加価値は車両やコネクテッドの強み

日本では、特定の事業者が徹底した低価格戦略でユーザーを低価格サービスへとシフトさせ、市場シェアを獲得すると他のサービス提供者もその低価格戦略に追随する傾向がある。そのため、ロボットタクシーが価格優位でモビリティサービス市場を奪ったとしたら、現在のタクシー会社や有人ライドシェアプレイヤーもロボットタクシーに切り替える可能性も高い。

それでも、忘れてはいけないことがある。それは、利用シーンにおいてはユーザーのニーズが多様であるということだ。たとえば、移動中にドライバーから地元グルメ情報を教えてもらったり、観光案内をしてもらったり、目的地の場所が明確にわからないなど、人がいなければ成り立たない場合、価格が高くても有人モビリティサービスが選ばれる可能性がある。そうなれば、ドライバー自身が差別化要因となり、有人モビリティサービスの付加価値が高まる。これをコネクテッドのAIコンシェルジュサービスのようなものに置き換えられるような車両やシステムが自動車メーカーとして提供できる

価値となる一方で、さらに人によるホスピタリティが競争上重要となる領域も残るだろう。そのときに備えて、いまからドライバーに顧客対応を教育していくのも1つの手だ。

ロボットタクシーの普及によって、有人モビリティサービスは予約が取りにくい有名ホテルやレストランのようにプレミアムサービスになっていることもあり得るだろう。

日本の自動車メーカーが日本市場を握る可能性も残されている

世界的に見ればライドシェアサービスはすでに一定の規模になっているものの、日本では規制もあるためまだ黎明期にある。このため、日本のモビリティサービス市場には、ウーバーやグラブのように圧倒的な市場データを握っているプレイヤーはまだ存在しない。ましてや、ユーザーから熱烈に支持されているアプリもまだない。東京ではJapanTaxiアプリが普及しつつあることから日本交通に若干の優位性があるものの、地方ではそこまで強くなっていない。今後発展が考えられるロボットタクシーに向けてもまだどのような競争になっていくのかすら見えていないのが現状だ。

このような中、日本の自動車メーカーとして今後どのような戦い方があり得るか2つの方向性を見てきた。将来のロボットタクシー時代を見据えて、1つは車両供給力を武器に事業の立ち上げを先行する戦略。2つ目は車両およびコネクテッドの付加価値で、サービスの品質向上や移動空間の体験を高めることで、サービス事業者に選ばれる車両供給者となること。さらにサービスプレイヤーにとっての保守・運用コストを最小化し、収益機会を最大化するアセットマネジメントの戦略である。

いずれの場合でも、ネットワーク外部性により勝敗が決まってくる可能性が高いため、戦略ロードマップに基づく早期参入を模索することが重要となるだろう。また、詳細は最終章で後述するが、企業マインドや組織、人材もデジタルサービスの考え方に変えることが必要だ。これからの新規事業推進にはこうした「デジタル・トランスフォーメーション」が不可欠となる。

SPECIAL INTERVIEW

未来のモビリティ社会を実現するエコシステム構想

本田技研工業
専務取締役

松本 宜之
（まつもと・よしゆき）

1981年本田技研工業入社。「シビック」「アコード」「インテグラ」などの開発を担当した後、2001年に発売された初代「フィット」の開発責任者を務めた。2002年に「フィット」はホンダ車として初めて年間登録車販売台数で1位を獲得した。2006年、本田技研工業執行役員に就任。四輪事業本部四輪商品担当、鈴鹿製作所長、アジア・大洋州生産統括責任者などを歴任。2015年に専務執行役員に就任、四輪事業本部長。2016～19年本田技術研究所代表取締役社長。

100年に1度の変革が始まった

　今自動車業界は大変革の時代を迎えている。日本においては人口の構成が変わり、若い人が減っていることもあり、自動車そのものの需要がなかなか伸びない。現在、自動車の需要が伸びているのは中国、アメリカ、アジアである。またグーグルやアップルなどITジャイアンツの台頭によって人々の価値観が変わるにつれ、自動車も「所有」から「使用」へと意識が変

わってきている。従来とは流れが変わってきているのだ。これは日本に限ったことではなく、全世界的な潮流である。

このような状況では、今までのいわゆる垂直統合的なフルセットの産業が右肩上がりに伸びていくことはもう期待できない。たとえばかつて日本は液晶など電化製品で世界をリーディングしてきたし、数々の特許も持っていた。ところがアジアの国々に追いつかれたり追い越されたりして、以前のような「ひたすらいいものさえ作っていればいい」という簡単な構造ではなくなってきている。これからは自動車業界もそうなるだろうし、特許戦略なども含めて戦略的に考えていかないと、この先はないかもしれない。

そのことをあらためて痛感させられたのが、この2～3年の欧州におけるディーゼルスキャンダルや、中国の国策による電動化へのシフトである。これによって日本の自動車メーカーが得意とするハイブリッドを飛び越し、一気にEVへのシフトが加速した。しかも電気の領域は、カーシェアリングやコネクティビティなどITと非常に相性がいい。われわれはそれに対抗できる技術を持っているのか、あるいはわれわれの強みとは何だろうかということを考えざるを得なかった。

新しいプレイヤー達との競争と協業

これからの競争相手として想定されるのは、やはり四輪事業者が主な相手となるだろうが、彼らもすでに自分たちだけで成り立っているわけではない。もはや自動車だけを売る時代は終わり、業容としてはまったく変わっている。何台売った、いくら儲けたというビジネスモデルではなく、どれだけエコシステムのサービスで利益を上げていくかという構図になるのはもう間違いない。

たとえばソフトバンクと中国の滴滴出行（DiDi）はタクシー配車プラットフォーム「DiDiモビリティジャパン」を立ち上げたが、DiDiは、グローバルで3,000万人のドライバーを擁しているという。DiDiのプラットフォームには日々、1.2億マイルのデータが上がってきて、それに基づいて需要予測を行い、配車を行っているという。このようなモビリティのネットワークができてくると、DiDiは競合相手ともとれるし、彼らも自動車がなければそうい

うサービスを提供できない以上、いわゆるパートナーであるとも捉えられる。

　やみくもにITジャイアンツを恐れるのではなく、彼らの得意な「コト作り」と、われわれの得意な「モノ作り」をすり合わせ、両立させていく道も考えられる。ただし「コト作り」と「モノ作り」のすり合わせにもスピード感が求められるので、いかに早くノウハウをためていくかが勝負を分けるだろう。

自らを変化させ、変化を先取りする

　スピードと規模感は相反関係にある。小さくて若い会社のほうが変化への対応が早いのは歴史が証明している永遠の法則で、大きくて創業から時間の経った会社はつい遅れがちだ。そうだとすれば、自分たち自身で組織の形態を変えていくしかない。Hondaは2018年で創立70年を迎え、研究所だけでも1万人を超える人間がいる。そこで権限を委譲し、いちいち研究所の上層部に許可を求めなくても自主裁量による意思決定を保証した組織を作った。ここまでしなければスピードは上がらない。人間は目に見える実績だけを評価してしまうので、どうしても日々の業務は既存の仕事のオペレーション中心になってしまうからだ。したがって、大きい会社はみずから組織をどんどん小分けにしていくのも1つの方法ではないかと思う。

　いずれにせよ、このような複雑な構造の中で、どうすれば儲かるのかを考えるのは、より難しくなると言わざるを得ない。

　しかしいつまで逃げていてもしょうがない。時代の変わり目になるのなら、むしろ自分たちからそれに率先して取り組み、リーディングしていくというふうに頭を切り替えないと、どんどん時代から取り残されてしまう。

　もちろん新しいものに挑戦することにはリスクもある。たとえば開発費を投じてある技術を開発しても、技術的に使えるものがガラッと変わる可能性もある。いま研究しているものにどれだけ永続性があるかは、技術が猛スピードで進化している時代においては見えにくい。しかし最大のリスクが何かといえば、それは機会損失のリスクなのである。

ロボティクスまで含めた「コト作り」のエコシステム

　このように現代は大変革の時代だが、だからこそ新たな価値を作れる時代だともいえる。しかも変革は自動車業界以外にも広がっている。ということはレッドオーシャンになりそうな領域でも、オープンイノベーションによる新たな技術やサービスの組み合わせ次第で、ブルーオーシャンになる可能性があるということだ。

　では、そこで何をするかだが、われわれが培ってきた技術はモビリティを主体としたものだ。モビリティはどうしてもエネルギーを使うし、それから場合によっては交通事故の加害者にもなる。これから5Gの導入で通信速度が上がり、AIがディープラーニングなどをすればするほど、頭脳として巨大なサーバーが必要になり、それを維持するためのエネルギーが必要になる。ということは、これからの社会を考えるうえでは、いかにエネルギーの消費を抑えるか、いかに永続性のある再生エネルギー社会を作るかが外せない要素となる。また安全への取り組みを考えれば、自動運転の技術を極めることになるだろう。

　これらモビリティ・エネルギーに加え、ロボティクスまで含めた領域での「コト作り」のエコシステムを構想している。これはどういうものかというと、ユーザーは常にホンダに触れていて、自動車に乗っていても、バイクに乗るのも、ロボットと話すのもみんなホンダ。こんなサステナブルなエコシステムを描いている。

　たとえば「MaaS」(Mobility as a Service) という言葉があるが、われわれはロボットが必要なときにいつでも使えるシステムを「RaaS」(Robotics as a Service) と言っている。Empower（人の可能性を拡大する）とExperience（人と共に成長する）とEmpathy（人と共感する）という「3E」をキーワードに、ロボットが人に寄り添うロボティクス社会を目指し、これをホンダの1つの体系価値として完成させたい。

重要なのは移動ではなく体験価値

　これから自動車産業はどう変化するだろうか。それについて考えるとき、

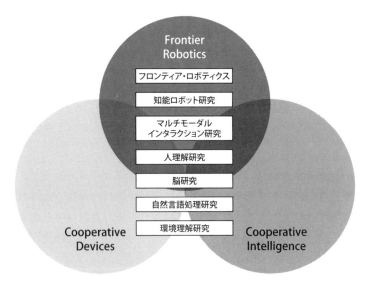

HRIの研究領域

さきほどの「ロボティクス社会」のビジョンが参考になるかもしれない。

たとえばわれわれには自動車、バイクという二次元のモビリティがある。ホンダジェットというジェット機で三次元の移動ができる。ではアシモというロボットをどう位置付けるか。これは四次元のモビリティと言うことができる。四次元は時空を超えるという意味だが、これは時空を超えたところにヒューマノイド型ロボットである自分の分身がいると考えると、わかりやすいかもしれない。このようなことが実現すれば、人間はもう移動を必要としなくなる可能性もある。アシモが自分の代わりに何かを経験してきて、それを共有すればいいからだ。となると、もうあながち移動体でなければいけないということもなくなる。

HRI（ホンダ・リサーチ・インスティチュート）ではこのようなことを研究している。研究開発のレベルでいえばまだまだ初歩段階だが、ホンダはこのようなコンセプトを作るのが得意なところがある。技術は単なる手段であり、最終的な主役は人だ。人がどう思うかが大事だと本田宗一郎も言っている。

われわれが目指すものを、「体験価値」と呼ぶこともできると思う。時間価値、空間価値、体験価値というように、価値のなかでも上位に位置するのは

やはり体験することだろう。これまで、ホンダのバイクに乗るとすごく気持ちがいいとか、F1を見るとスカッとするといった、体験価値を提供してきたが、これからは移動と暮らしの領域でさらなる体験価値を提供していきたい。

目指すは「人に寄り添うモビリティ社会」

　これは私の個人的な意見だが、われわれの先輩たちはそういう世界を目指してアシモを作っていたのではないか。モノ作りだけでなく、モノ・コト作りに変わっていくのは必然だったような気もする。

　ちなみにわれわれはAIのことをCI（Cooperative Intelligence）と呼んでいる。人と協調するAIという意味で、冷たいAIではなく、温かみのあるAIというイメージだ。そんなモビリティを含めた「人に寄り添うロボティクス社会」が目指すべき究極の姿だと思っているが、そのCIを考えるサイエンティストたちの組織を擁していることは大きな強みだと思う。

　やはり「人に寄り添うモビリティ社会」こそ、われわれが最終的に目指すステージだと思う。単に技術を開発するだけではなく、そういう社会をイメージしながらコンセプチュアルに進んでいくつもりだ。

第 **7** 章

モビリティ3.0の世界を創造する

　車作りは"究極の製造業"だと言われている。サプライヤーが作った数万点にも及ぶ部品をジャストインタイムで集め、1分に1つ、その部品を組み上げて完成させていくエコシステム。OEMをピラミッドの頂点とする自動車業界はこのエコシステムを築き上げてきた。この100年間で富裕層から大衆まで多くの人々を歓喜させる数多の車が生み出されてきた一方で、その数年にわたる開発サイクルと安全性への配慮は、新たな革新を生み出すためのリスクを取ることが困難な企業体質を生み出してしまった。この状況からは自動車産業の内部からブレークスルーは生まれず、モビリティ3.0時代に求められる新たな戦いで勝つことは困難である。

　なぜなら、モビリティ3.0の時代においては、グーグルやソフトバンクといったテクノロジーを駆使した異業種からの参入によって従来の製造業とはまったく異なるビジネスが急速に活性化しているからだ。しかし、新たなモビリティビジネスの多くは黎明期にあり、覇権争いが始まったばかりの今なら、多くの日本企業にもチャンスが残されている。

　もちろん、そのためには乗り越えなくてはならない壁はあるが、それでも逆転することは可能だ。その条件とはどのようなものか、本書の締めくくりとして最後にまとめたい。

7-1
破壊と創造を具現し、
あるべき未来を切り拓く

　ここ数年、特にGAFA（Google・Amazon・Facebook・Apple）が注目されているが、いつの時代にも業界の常識を打ち破る破壊者（ディスラプター）は存在した。ハーバード・ビジネス・スクールのクレイトン・クリステンセン教授が著した名著『イノベーションのジレンマ』で提唱する破壊的イノベーターだ。

　その破壊的イノベーターたちがたどってきた歴史を振り返ると、破壊と創造の歴史はすべて、イノベーターが自社で目指す世界観を描く（Shape）ところから始まっている。ウーバーは「ボタンを押すだけで車が来るようにするにはどうすればいいか」という課題意識から、3人の若者がタクシーのマッチングサービスを立ち上げた。設立当時、ウーバーの利用料金は通常のタクシーの1.5倍もする高額なもので、タクシーと比べて格安サービスではなかった。ところが、その便利さから多忙なサンフランシスコの住民に注目され、一気に人気サービスへと成長した。その画期的なアイデアに目をつけたのが、業界の異端児とも揶揄される元CEOのトラビス・カラニックだ。彼はウーバーのアドバイザーに就任し、ライドシェアを核とした移動体験の未来像を描いた。

　ウーバー同様、グーグルもモビリティビジネスにおいてさまざまな企業を絡め上げるエコシステムの中心企業へと躍進したが、それは初期から壮大な未来のモビリティビジネスの設計図を描き、周辺業界からトップタレントを集めることができたからだ。

　このように未来をシェイプするにはどうすればいいのだろうか。現在の日本にはモビリティの世界において新産業の創造をリードする大企業やベン

チャー企業が少ない。この点について、しばしば日本企業はビジョナリーなアプローチができないと指摘されるが、そんなことはない。かつての日本は、トヨタ自動車や本田技研工業、ソニーといったグローバルリーダー企業を続々と輩出してきた。志高い起業家が壮大なビジョンを描き、コアとなるテクノロジーを磨き、独自のエコシステムを構築してきたのだ。つまり、日本企業もかつては未来を切り拓く先駆者であった。

　そのDNAを受け継いだイノベーティブな発想やアイデアは表面化こそしていないが、確かにあちこちに散在している。その小さな変化の兆しを将来の大きな機会として捉えて投資するか、あるいは取るに足らないニッチ事業として放置するか。これは、現代の経営に求められる最も重要な判断となるだろう。

7-2
モビリティ3.0の未来を描き、実現する力が求められている

　これまでにない新たな産業を作り出すためには、さまざまなビジネス上の要素の変曲点を見極めて未来を描き、目標に対してドラスティックにリソースを割くことで実現に向けた推進力を生み出すことが必要だ。

　いまの日本企業は持続的進化には長けていても、破壊的イノベーションを生み出すことは苦手なようだ。それは、活躍が目覚ましいスタートアップが北米、イスラエル、西欧、中国等の国・地域に限定され、日本からは未だに誕生していないことからも明らかだ。事実、モビリティ領域のスタートアップへの投資も、日本はアメリカや中国に比べて1/100程度しかない（図39）。

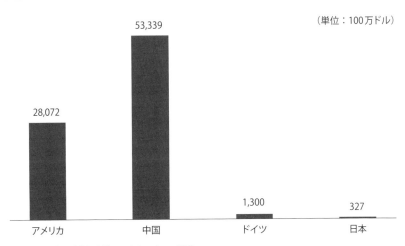

図39：国別に見るモビリティ領域へのスタートアップ投資（2017年）

（出所）各社資金調達情報を基にアクセンチュア分析

未来を描けない、あるいは描いた未来を実現できない理由はいくつかある。現場は短期で見える成果を求められて未来を創る事業を構想するミッションがなく、経営陣は次々と出現する競合企業への対応に苦慮して目まぐるしく進化するテクノロジーにキャッチアップする時間さえない。このような状況に対応するには、経営陣のマインドセット改革は当然のことながら、テクノロジーの変曲点から創出される事業機会を見極め、彼らの意思決定をサポートする専門部隊を持つことが極めて有効なアプローチとなる。

　ここでは未来を描く専門組織を活用し、モビリティという新たな領域への進出に成功したグーグルを例に、未来の描き方と描いた未来を実現する方法を紹介したい。

　グーグルは、コアビジネス以外の新規ビジネスのアイデアから事業化までを担う組織として、2010年社内にグーグルX（アルファベットによる持株会社となった現在はX（エックス）という組織へ機能継承している。以下「X」と記す）を立ち上げた。グーグル創設者であるラリー・ペイジとセルゲイ・ブリンは、会社のリソースの一部を長期的な難しい問題へ投資する重要性を常に認識していた。そこで、彼ら主導でグーグルXを正式に始動させたのだ。

　彼らがXを作ったのは、10％の成長が目標ではない。事業を10倍にするようなインパクトのある課題解決が目的である。設立当初から、Google Self-Driving Car（自動運転車）、Project Glass（メガネ型拡張現実ディスプレイ）、Project Loon（バルーンによるネットワーク網構築）、Google Contact Lens（血糖値をモニタリングできるレンズ）といった未来予想図を描いたプロジェクトを推進。いまでは、風力発電やサイバーセキュリティなども加わり、とにかくインパクトの大きい事業創出を企画することがミッションとなっている。

　Xには、300人以上の非常に多岐にわたる人材が所属する。コンピュータサイエンスに精通するギークはもちろんのこと、元起業家や元コンサルタント、デザイナー、UX研究者といった多様かつ専門性のある人材が困難な問題の解決にチャレンジしている。

　彼らはプロセスとして、「アイデアの大胆さ・達成可能かを指標として取り組むべき事業を評価」するフェーズと、「ゴーが出た後に実際に実行まで推進」するフェーズを明確に分ける。大きな課題であるか、解決方法・技術

が明確かを徹底的に評価・吟味したうえで、さらなるリソースを投下するかを決定するのだ。

　また、法人格を持たせて独立して進めるべき事業に関しては、アルファベット傘下の会社へ分社化する場合もある。自動運転車のウェイモがまさにその事例だ。そうした会社は他にもある。Google Contact Lensも事業領域を拡大し、ヘルスケアデータの収集・分析ツールの開発事業会社Verilyとして分社化している。

　Xでは評価・事業化に際して、キーとなるテクノロジーを起点に、課題を解決した社会がどのようになっているかという未来の絵姿を描き、その未来がどのようなビジネス・収益を生むかを想定したうえで、自社が収益を刈り取るためのビジネスモデルをどのように描くかを緻密に検討する。

　このXの取り組みからも言えるように、未来を描くには、必ず押さえるべきポイントが存在する。次は、Xの自動運転プロジェクトを例に具体的に見ていこう。

①テクノロジー進化がもたらす社会の未来像の構想

　XはAIの先駆的企業であるDeepMind社を買収したことからわかるように、競合に先駆けいち早くキーテクノロジーとしてディープラーニングによるAIの進化を的確に捉えていた。また、深層学習の導入によって飛躍的に自動運転に必要な判断能力が高まることも理解しており、2020年前後には社会に実装可能なマイルストーンで自動運転プロジェクトを推進している。

　同社では、自動運転部門設立時には、AIを中心とした先進技術を活用することでタクシーの料金を数分の一に引き下げ、誰もが気軽にヒト・モノの移動にモビリティサービスを活用できる未来都市像を早くから描いていたに違いない。この未来像が描かれていることによって、Xにはスタンフォード大学等のさまざまな自動運転研究の先端を走る研究者が集まり、ウェイモとして法人化し、さまざまな企業の自動運転の頭脳および心臓となるべく事業化に向けたスタートを切ることに成功した。

②未来のプロフィットプール変化の予測とビジネスモデル変革

　このように自動運転が当たり前になる未来とタイミングを正確に予測しても、そのなかでビジネスとしてどこに利益が生まれるのか、プロフィットプールを明らかにしなければ実際の収益を刈り取ることは難しい。単純に自社で自動運転ソフトウェアの開発から車両製造、タクシー運営からメンテナンスまで一気通貫で行う方法もあるが、グーグルのように新規参入企業にとってはそのようなポジションの取り方は現実的ではない。

　むしろ、自動運転車の「車両」そのものの製造はOEM等のメーカーに任せながら、あらゆる車両に埋め込まれる頭脳と心臓となるソフトウェアビジネスをマルチブランドで提供するほうがグーグルが得意とする技術のレバレッジが効きやすい。また、人が運転しなくなることにより、車内空間でのエンターテイメント・広告、健康サービスなどの新たなプロフィットプールが生まれるため、既存の検索エンジンや地図等と連動させることにより、車内広告配信を望む会社や優先的な目的地としての設定を望む飲食店から収益を得るようなプラットフォームを構築することも可能となる。

　グーグルも、既存の自動車メーカーが頂点にある自動車産業の根幹を揺るがす変化の波を予見したからこそ、第4章で述べたような事業領域への注力に大きく投資を行っているのである。

7-3
あるべき未来を実現するには、未来を描くフューチャリストが必要である

　前節で紹介した①のプロセスを実現するには、まず起点となる未来の絵姿を描く必要がある。だが、この複雑化した世界において「未来の絵姿を描く」ことは、有能な経営者やたった1人の天才でどうにかなるものではない。さまざまなバックグラウンドの専門知識に基づいて社会に影響を与え得る技術を見抜き、適切な技術進化・社会進展を予測する異能人材（フューチャリスト）とのコミュニケーションを通じて初めて描くことができる。

　そのフューチャリストを、自動車業界ではフォルクスワーゲンやダイムラーが、その他の業界ではSAP社やシーメンス社といった企業が起用し専門チームを組成している。これらの企業では、こうしたフューチャリストを次々と引き入れ、未来のプランニングをしているのである。その効果はすでに株価に現れている。フューチャリストを起用している企業としていない企業では株式市場平均インデックスで大きな差が出始めている（図40）。

　フューチャリストに求められるのは、特定技術領域に対する高い専門性だけではない。その周辺の複数領域の技術に関しても一定水準以上に把握し、技術に精通している必要がある。さらには、人間の根源的な要素である哲学を踏まえて、社会へどのように実装されるかを創造するスキルも持たなければならない。

　ところで、グーグルXやIBM、SAP等に属するフューチャリストのプロフィールを見てみると、バックグラウンドとしてコンピュータサイエンス・エンジニアリングといった専門性を主軸にしている人材が多い。このことから、もはやコンピュータサイエンスは未来を形作るうえで中核を担う学問だということがわかる。また、心理学等の人間理解のための学問を主軸にする

図40:フューチャリスト起用企業と起用していない主要企業の株式市場平均の比較

(出所) Speeda

人材も目立つ。これは、技術だけでなく、それを受けて人間がどのように変化するかを描くことがカギとなるからだろう。

たとえば、フューチャリストの代表格である未来学者レイ・カーツワイル氏は、アメリカの数学者でありSF作家でもあるヴァーナー・ヴィンジ氏が1993年頃から提唱している一種の未来思想「コンピュータのように高度な機械が今後、加速度的に進化することにより、機械がいずれ人間を上回る知能ばかりか、意識までも持つようになる」とするシンギュラリティを提唱し、生命や人間の脳と紐づけて語る。

現在、彼は世界的なAIの権威として、グーグルでGmailの自動返信機能に関連するソフトウェア技術を研究している。言語を理解するソフトウェアKonaは、2029年には人間並みに言語を理解できるようになると、カーツワイル氏は予言する。さらに、彼は人間の寿命についても頻繁に言及する。これにより、彼がバイオテクノロジーのCalico等が関連するグーグルが描く医療の未来像にも関係していることが推測できる。

もう1人、世界的に有名なフューチャリストを紹介しよう。エンジニアリング(航空力学)にバックグラウンドを持つピーター・シュワルツ氏は現在、セールスフォース・ドットコム社の上級副社長を務めている。彼は、かつて

石油会社ロイヤル・ダッチ・シェルの戦略プランニング・チームのリーダーとして、ソ連の崩壊の可能性に早い段階で気づいた。彼の忠告によって、ロイヤル・ダッチ・シェルは無事にリスク回避をすることができたという。この話は有名で、シナリオプランニング手法は現在でも形を変え残っている。

　このようにフューチャリストと彼らから出てくるアイデアを纏め上げる専門家がこの変化目まぐるしい時代には経営戦略上最も重要とされており、今の日本企業に決定的に欠けている機能ではないだろうか。

7-4
未来を創るアイデアの
ポートフォリオマネジメント

　7-2節で「未来を切り拓くには、未来を描く力と、描いた未来を実現する力が必要だ」と述べたが、せっかく未来を描いても実行に移さなければ、描いた未来は実現できない。これは日本企業に多く見られる傾向の1つだ。

　われわれの本業は、企業の悩みを解決する支援をすること。さまざまな企業と話をするなかで、「これはすでに数カ月前に検討した。現在、検討中である」というセリフを何度も耳にしてきた。ところが、検討中のそのアイデアは一向に市場に出てこない。それどころか、数年後には欧米企業やスタートアップ企業が市場でのスタンダードを確立していた、ということを幾度となく経験している。

　実行できない理由は企業によってそれぞれあるだろうが、混沌とする自動車業界の現状を鑑みれば、資本コストが歴史的低水準に達しているいまが最後のチャンスと思われる。いくつものアイデアを試し、実行し、生き残った芽に対して投資を集中するアプローチを、経営者にはぜひとも選択してほしい。

　そこで、ここでは他業界も含め、デジタルビジネスの立ち上げに成功している企業が取り組む「デジタルサービスファクトリー」という仕組みを紹介する。「デジタルサービスファクトリー」とは、アイデア構想から事業立ち上げのスピードを上げるために、サービスデザインを行うディレクターやデザイナー、システムの実装を担うエンジニア、サービスから得られたデータを分析し活用方法を考えるデータサイエンティスト、サービスの運営に関わるオペレーションスタッフといった人材を、社内だけでなく社外からも集めたイノベーション機能のことである。

図41：デジタルサービスファクトリーのタイムスケジュール

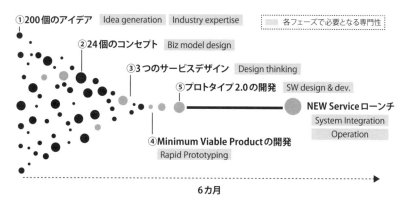

（出所）アクセンチュア

　そこでは構想から実証実験まで、3カ月を目安にプロトタイプを開発し、ユーザーの反応を確かめる取り組みを行っている（図41）。いわば、大きな組織のなかの出島のようなものだ。縦割りで硬直した組織内では実現できないスタートアップ並みのスピードを、大企業の傘下でも実現しようという試みである。

　その「デジタルサービスファクトリー」を活用する一社に、フランスのエネルギー企業シュナイダーエレクトリック社がある。同社は電力・インフラ供給、産業機械産業にエネルギー管理等のソリューションを提供する世界的大企業だ。そのシュナイダーエレクトリック社もIoT化の波のなかで、新たなデジタルサービスの立ち上げを模索していた。

　同社では、各機器から得られるデータを活用して故障を事前に検知する予防メンテナンスやアセットモニタリング、エネルギーの最適活用等の各種デジタルサービスを開発・提供している。「デジタルサービスファクトリー」によって、それらの新規開発から立ち上げまでに要する期間を、従来よりも8割短縮することに成功した。

7-5
環境の変化を捉えて時流に乗れ

　本章では、技術的変曲点から新たに生まれるプロフィットプールを考察し、自社がその中の並みいる競合に対し勝ち抜くためのシナリオ作りが必要であることを述べてきた。

　しかし、シナリオは1つだけとは限らない。テクノロジーの成熟化のタイミングや規制変化などさまざまな要因によってシナリオは複数生まれるものだ。何よりも複数のシナリオを用意しておけば、不測の事態にも柔軟に対処できる。結果として、競合の後塵を拝するようなリスクも軽減されることになる。

　たとえば、明日ウーバーがどこかの企業に買収されることだってあり得ないことではなく自動車業界で新たな再編が起こることだってあり得る。また、ARやVR等の仮想現実技術が発展していけば、人々の住むところも働き方も大きく変わるだろう。そうなると、いまの都市構造のあり方は大きく変わり、移動の総需要も長期的には減るかもしれない。われわれビジネスマンはどうしても目の前の新たなビジネス機会を追いがちだが、こうした環境の変化に目を向けておくことは極めて重要なことである。

　最後になるが、これからモビリティの世界では自動車や二輪車のみならず、それを取り巻くサービスや技術領域でさまざまなビジネスチャンスが生まれてくるだろう。これは、いま自動車業界ですでに事業を行っているか否かに関わらず、多くの日本企業にとって新たな躍進のエンジンとなる絶好の機会となる。

　だが、本書で述べた通り世界の競合はすでに数歩先に行っている。そして、独自のエコシステムを築きつつある。ここ数年間のアクションで、自動

車産業の将来が決まると言っても過言ではない。われわれも、このまたとないチャンスに挑む改革意欲のある企業や経営者、起業家、政府・自治体の皆さんとともに日本企業の躍進の波を作りたいと強く願っている。

著者紹介

アクセンチュア 戦略コンサルティング本部 モビリティチーム

川原英司
アクセンチュア 戦略コンサルティング本部
マネジング・ディレクター

東京大学卒業後、日産自動車、三菱総合研究所、A.T. カーニーを経て、アクセンチュア参画。自動車関連を中心に経営コンサルティングを数多く手掛ける。経済産業省、国土交通省、NEDO等で各種委員を歴任。青山ビジネススクール非常勤講師(経営戦略論)、神戸大学経営学部非常勤講師等も務める。主な著書に『自動車産業 次世代を勝ち抜く経営』(日経BP社、2011年)、『電気自動車が革新する企業戦略』(共著、日経BP社、2009年)、『情報革命と自動車流通イノベーション』(共著、文眞堂、2000年)等がある。

北村昌英
アクセンチュア 戦略コンサルティング本部
マネジング・ディレクター

関西学院大学卒業後、ソフトバンクを経て、アクセンチュア参画。通信・自動車関連企業を中心に、事業戦略、デジタル活用戦略(AI、IoT等)、M&A、グローバル戦略等に多数従事。戦略策定だけではなく、事業の早期立ち上げに向けたPoC(実証実験)、パートナリング構築支援も実施。2014年より2年間、早稲田大学大学院非常勤講師(コンサルティング実務)。

榮永高宏
アクセンチュア 戦略コンサルティング本部
マネジング・ディレクター

慶應義塾大学卒業後、アクセンチュア参画。金融・金融参入企業を中心に、中期経営計画、金融参入戦略、デジタル活用戦略(Blockchain、IoT等)、事業戦略、M&A、マーケティング戦略等に多数従事。

伊藤剛
アクセンチュア 戦略コンサルティング本部
マネジング・ディレクター

2000年東京大学法学部卒業後、大手シンクタンクを経て、2012年よりアクセンチュア参画。公益事業学会政策研究会メンバー。主に素材・エネルギー領域を中心に、制度設計、企業・事業戦略、組織設計、マーケティング・営業戦略、新規事業立案等に従事。主な編著書に『進化する電力システム』(東洋経済新報社、2012年)、『まるわかり電力システム改革キーワード360』(日本電気協会新聞部、2015年)、『エネルギー産業の2050年 Utility3.0へのゲームチェンジ』(共著、日本経済新聞出版社、2017年)がある。

矢野裕真

アクセンチュア 戦略コンサルティング本部
マネジング・ディレクター

青山学院大学卒業後、日系コンサルティング会社、プライベートエクイティ投資会社を経て、アクセンチュア参画。Harvard Business School Executive Program修了（アルムナイメンバー）。自動車業界をはじめとする製造業を中心に、デジタルテクノロジーを活用した事業開発や競争戦略から始まり、グローバル各国展開やM&A、実装に向けた実務支援まで企業価値向上に向けた豊富な支援経験を有する。

藤野良

アクセンチュア 戦略コンサルティング本部
シニア・マネジャー

東京大学卒業後、アクセンチュアへ入社。エネルギー関連企業を中心に、事業戦略、新規事業創造、デジタル活用戦略（AI、IoT等）等の戦略立案に留まらず、オペレーティングモデル設計・戦略実行フェーズまで、多数従事。

佐藤有

アクセンチュア 戦略コンサルティング本部
シニア・マネジャー

横浜国立大学卒業後、図研にて設計ソリューション事業の海外展開リーダー（ドイツ赴任）、A.T. カーニーを経て、アクセンチュア参画。自動車メーカー、自動車部品メーカー、および周辺のハイテク・通信事業においてモビリティサービス、コネクテッド、IoT、5G等を含む戦略策定、M&A戦略、PMI、協業による新規事業構想を中心とした戦略コンサルティングに従事。

中村朝香

アクセンチュア 戦略コンサルティング本部
マネジャー

慶應義塾大学卒業後、アクセンチュアへ入社。金融・金融参入企業を中心に、各種事業戦略、金融参入戦略、M&A、デジタルマーケティング戦略、デジタル活用戦略（Blockchain、IoT等）等に従事。

吉井勇人

アクセンチュア 戦略コンサルティング本部
マネジャー

京都大学卒業後、アクセンチュアへ入社。金融・金融参入企業を中心に、各種事業戦略、金融参入戦略、M&A、マーケティング戦略、先端テクノロジー活用戦略（Blockchain、AI等）等に従事。

※モビリティチームは、アクセンチュアの戦略コンサルティング本部内で次世代モビリティについて事業横断で検討しているチームです。

Mobility 3.0
ディスラプターは誰だ?
2019年6月13日発行

著　者——アクセンチュア　戦略コンサルティング本部　モビリティチーム
　　　　　川原英司／北村昌英／矢野裕真　他
発行者——駒橋憲一
発行所——東洋経済新報社
　　　　　〒103-8345　東京都中央区日本橋本石町1-2-1
　　　　　電話＝東洋経済コールセンター　03(5605)7021
　　　　　https://toyokeizai.net/

装　　丁……………橋爪朋世
本文デザイン・DTP……アイランドコレクション
写真(p152,156)………大倉英揮
印　　刷……………東港出版印刷
製　　本……………積信堂
編集協力……………塚田理江子
編集担当……………齋藤宏軌
Printed in Japan　　ISBN 978-4-492-76249-3

本書のコピー、スキャン、デジタル化等の無断複製は、著作権法上での例外である私的利用を除き禁じられています。本書を代行業者等の第三者に依頼してコピー、スキャンやデジタル化することは、たとえ個人や家庭内での利用であっても一切認められておりません。

落丁・乱丁本はお取替えいたします。